文成天縱

电波纪元

清华大学科学博物馆
无线电早期历史展图录

吴国盛　主编

GUANGXI NORMAL UNIVERSITY PRESS
广西师范大学出版社
· 桂林 ·

电波纪元：清华大学科学博物馆无线电早期历史展图录
DIANBO JIYUAN: QINGHUA DAXUE KEXUE BOWUGUAN WUXIANDIAN ZAOQI LISHI ZHAN TULU

出版统筹：汤文辉
出 品 人：乔祥飞
责任编辑：陈显英
助理编辑：姜　伟
责任技编：王增元
装帧设计：徐　蜀
　　　　　田　洁
图片摄影：徐　雷
　　　　　罗艳群

图书在版编目（CIP）数据

电波纪元 ：清华大学科学博物馆无线电早期历史展图录 / 吴国盛主编. 桂林 ：广西师范大学出版社，2025. 6. -- ISBN 978-7-5598-8127-4

Ⅰ. TN014-64

中国国家版本馆 CIP 数据核字第 2025DK7581 号

广西师范大学出版社出版发行
（广西桂林市五里店路 9 号　邮政编码：541004
网址：http://www.bbtpress.com）
出版人：黄轩庄
全国新华书店经销
北京汇瑞嘉合文化发展有限公司印刷
（北京市北京经济技术开发区荣华南路 10 号院 5 号楼 1501　邮政编码：100176）
开本：889 mm × 1 194 mm　1/16
印张：12　　　字数：226 千
2025 年 6 月第 1 版　　　2025 年 6 月第 1 次印刷
定价：168.00 元

编委会

主　编

吴国盛

编　委

徐　蜀

王哲然

王　京

刘元兴

孙忆南

序言

我们身处信息时代，互联网与电子设备让全球联通触手可及，这一切都得益于无线电技术的百年演进。从电磁波的初次捕捉到今天的无线通信，无线电经历了脱胎换骨的蜕变。回溯其来路，依稀可见百年前先驱者的身影——他们用火花与线圈开辟新领域，吸引无数青少年投身其中，调制电波、增强信号。正是他们的开天辟地、奇思妙想和锐意进取，给后来蓬勃发展的无线通信技术奠定了基础，也为广播传媒事业埋下了种子。

徐蜀先生是知名无线电收藏家，与夫人陈汉燕多年来收藏了海内外大量无线电器材设备，尤以一批 20 世纪早期的无线电收发器材为国内罕见。清华大学科学博物馆与徐蜀先生合作策划“电波纪元——无线电技术早期历史展”，旨在回顾无线电技术早期发展历程及它对社会文化产生的深远影响，致敬那些怀揣热忱与梦想的技术和传媒先驱，并结合当代艺术家对无线电技术的思考与呈现，领略这项技术持续至今的生机。

本书以多角度高清照片系统呈现“电波纪元——无线电技术早期

历史展”中的珍贵早期无线电设备，采用彩色印制，图文并茂的形式，为无法亲临现场的观众带来沉浸式观展体验。书中特邀策展团队撰写三篇深度文章，阐释无线电技术史和文化史，更有徐蜀先生分享独家无线电收藏秘辛。愿这部图录能够成为开启无线电历史宝库的一把钥匙，带领读者领略无线电技术在人类文明进程中的独特魅力。

二〇二五年三月

《无线电原理》对我收藏老无线电的启迪

徐　蜀

我收藏老无线电，至今已有55年。起初，我的藏品以国产收音机为主，并以此为荣。因为我相信，“只有民族的，才是世界的。”然而近年来发现，在我洋洋洒洒的众多藏品中，早期无线电部分已初具规模，成为十分珍贵、稀有的一大特色。这批藏品，包括19世纪末至20世纪20年代的无线电元器件，发射机、接收机，无一例外，全部是欧美的产品。仔细想想，它们的存在，与我注重国产收音机的收藏理念并不矛盾：

“收音机”，是1920年民用广播诞生后才出现的词汇，它就是早先的无线电接收机；广播电台，相当于之前的无线电发射机。1920年以前的无线电接收、发射技术，经历过两个阶段：第一阶段是无线电报阶段，第二阶段是无线电话阶段。前者只能发射、接收摩尔斯电码；后者具有了发射、接收语言，即通话的能力。早期的收音机，也称“无线电话”。20世纪20、30年代的国内书报刊中，“无线电话”几乎就是收音机的代称。例如开明书店1934年出版，黄幼雄著《无线电话收音术》，讲的就是收音机，其中章节的标题也称之为“收音机”，如“矿石收音机之原理”“真空管收音机之原理”“再生式收音机”“收音机机件之配置与接线”“短波长收音机”“收音机线路集萃”“收音机病害与修理”等。再如世界书局1931年出版，叶吉裳编著的《无线电话收音机管理法》，也是介绍收音机原理、使用及维修方法的。报刊中有关收音机的宣传报道，直呼“无线电话”者，多不胜举。

广播出现前，无线电收发设备主要在军事、航运、商业等领域使用，属于通讯设备。可以说，收音机是狭义的无线电接收机。而且，1920年代的收音机与通讯接收机，结构和外观高度相似，均为板式、长方形箱式；机芯、喇叭（耳机）、电源各自独立。直至1930年代初，收音机的造型才逐渐脱胎换骨，融入大众家庭的生活之中。

自从广播诞生，收音机自立门户后，1890~1920年期间无线电通讯的历史，似乎被收音机界遗忘了：多数无线电读物，介绍完无线电波后，便直接叙述矿石收音机或电子管收音机（后来又有了晶体管收音机）的元器件、电路，以及制作、维修知识。当然，对业余无线电爱好者和收音机的使用者来说，上述做法无可厚非；对那些想了解收音机发展史，或老收音机收藏者来说，却是一个莫大的遗憾。

从科技和工业产品的角度衡量，少了广播诞生前的接收机，收音机的收藏便没有了源头，形不成完整的产品链。再有，早期的收音机与通讯接收机，不但结构造型相似，就连使用的波段频率也大致相同。因此不少 1920 年之前的矿石、电子管接收机，至今仍然可以收听广播，它们难道不是收音机？即使那些只能接收摩尔斯电码的接收机（收报机），也是收音机发展过程中不可或缺的重要环节，理应收藏。至于与接收机相关联的发射机，可以锦上添花，使收音机藏品更加丰富、完善。当我明白上述道理时发现，中国 1920 年之前的数十年，根本生产不了无线电接收机及相关元器件，只能用洋机来弥补欠缺，因此萌生了收集早期无线电通讯设备的想法，并付诸行动。在此期间，我买到一本《无线电原理》，使我受益匪浅。

《无线电原理》的作者是王锡恩。王锡恩（1872~1932），字泽溥，又字泽普，山东省青州市朱良镇东王车村人。清光绪十八年（1892）毕业于教会学校登州文会馆。因成绩优异，毕业后留校任教。王锡恩承袭父辈对天文算学的研究成果，又系统学习了西方天文学、数学、物理学的理论与方法，阅读了大量欧美自然科学方面的文献资料，融会贯通，在完成教学工作的同时，著述颇丰，作品有《实用天文学》《普通天文学》《绘图日食新算法》《力学测算》《电学测算》《勾股演代》《图解三角术》等。《无线电原理》是他晚年的著作。我手中的这一本，系商务印书馆 1935 年出版的《百科小丛书》之一种。

几十年来，我先后购买了数十种上百册的无线电读物，但只有这本区区 130 页的《无线电原理》，比较完整地介绍了 1890~1920 年，广播诞生前的无线电通讯设备发展史。需要指出的是，1920 年代开始，无线电设备的元器件，例如线圈、变压器、电容（可变、固定）、电阻（可变、固定）、矿石检波器、电子管等，其设计、结构、外观造型有了很大变化，有些甚至面目全非；一些元器件随着技术的发展被淘汰，例如火花发射机、“金属末”接收机等。总之，大量早期无线电元器件的真容，在一般无线电著述中很难见到。《无线电原理》中提到的元器件，都有实物图和电路图，为广大读者了解那段历史提供了便利，同时也为我收集藏品奠定了基础。我早期的无线电藏品大多来自易贝（Ebay）网站，不少人出售的物品是前辈所藏，他们并不是很了解，甚至不知是何物。加之本人外语不佳（牵扯到英、法、德等语种），如果没有实物图和电路图，恐怕很难寻觅到它们。

《无线电原理》共分十九章：（一）绪言；（二）电气振动；（三）论电波；（四）协振；（五）现波器；（六）发波器；（七）振动螺线；（八）火花隙口；（九）天线地线；（十）

蓄电器；（十一）电池；（十二）测量器；（十三）调整器；（十四）相助为用之器；（十五）电报号码；（十六）无线电报之装置；（十七）军用无线电报；（十八）无线电话；（十九）军用无线电话。

此书前四章介绍无线电的基础知识，与其他无线电普及读物无异。此后的章节颇具新意，介绍了很多其他书籍中不易见到的内容。其要点如下：

第五章《现波器》，其开篇云："现波器又名电波探知器，或名电探，电波之撼来，何由发现而知之？此无线电报中，唯一之重要问题也。"这里的现波器，就是通常所说的检波器。接着在第一节"勃蓝利之粘连器"中，作者写道："一八九〇年，法人勃蓝利创一现波器，较赫尔资（赫兹）之谐振器，尤为灵敏，即用一玻璃管，内置密合之二金属饼，二饼之间，满以铁屑或铜屑，外连电池与电表，如第十七图所示。其金属屑各点之间，隔以空气，空气原为不导体，故电路中有甚大之抵抗力，电池之电溜不通，而电表不转，待电波撼来，电路内感生交换电溜，或曰电波溜，金属屑受电波溜之作用，即彼此粘连，而大减其抵抗力，此时电池之电溜通过，电表之针旋转，直至被击而后止。"第二节"马可尼之粘连器"，讲述了马可尼对勃蓝利粘连器的改良：使用了镍、银及少量水银屑，并抽真空，提高了粘连器的灵敏度。

上面两节，将勃蓝利、马可尼"粘连器"的工作原理，非常形象地说清楚了。与王锡恩同一时期的著名无线电学者曹仲渊，在所著《马可尼》（商务印书馆 1935 年 9 月出版）一书中，对粘连器的解释更加通俗易懂。曹仲渊称"粘连器"为"金属末检波器"，为业内广泛认可。但曹氏及其他学者的相关著述，没有像《无线电原理》一样，将金属末检波器阶段的收发报机，作专门、系统的介绍。

第六章《发波器》，讲述发射机的工作原理和类型。第一节"感电圈发波器"和第二节"交溜变电机发波器"，专述火花发射器，与第五章中的金属末接收器一样，属于无线电通讯技术中的初级阶段，也是其他无线电著作较少涉及的内容。

该书第七至十五章，讲解无线电报机的元器件。第十六章开始，介绍无线电报机和无线电话机的装置，还专门用十七、十九两章叙述军用无线电报、电话机，立意新颖，与众不同，抓住了无线电通讯前三十年的发展要点。

第十六章《无线电报之装置》，将无线电报机分为三种类型："一模范无线电报"，即最早的火花发射机和金属末接收机；"二普通无线电报"，发射机仍为火花式，接收机则使用了"矿石现波器"，即矿石检波器；"三新式无线电报"，发射机和接收机均采用了电子管。本章是全书的总纲，将无线收发报发展的三个阶段，清晰地勾勒出来。第十八章《无线电话》与第十六章性质相近，只不过把无线电报换成了无线电话。第十七、十九章专讲军用机，非常契合当时的历史背景。无线电通讯的第三个十年，恰遇第一次世界大战（1914~1918），无线电通讯在战争中的作用举足轻重，因此得到空前大发展。当时技术含量最高的通讯设备，非军用莫属。这一点，从相关设备的二手市场，以及我的藏品中即可看出。

最后，举例说明，我是如何通过阅读、学习《无线电原理》，去收藏早期无线通信设备（元器件）的。这要从出现了大量实物图和电路图的第五章说起。

第五章第一节、第二节，分别附了“勃蓝利粘连器”和“马可尼粘连器”的实物示意图，前者还有电路图（图 1—2）。我据此在 Ebay（易贝）网站上找到了上述两种金属末检波器（正文图 1.1、1.2）。

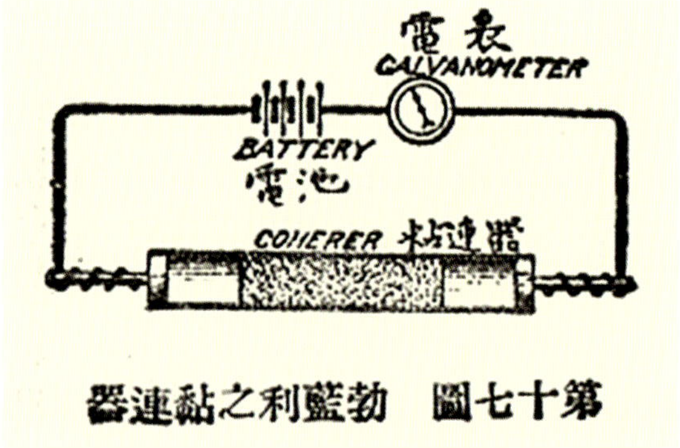

图 1　勃蓝利粘连器（电路图）

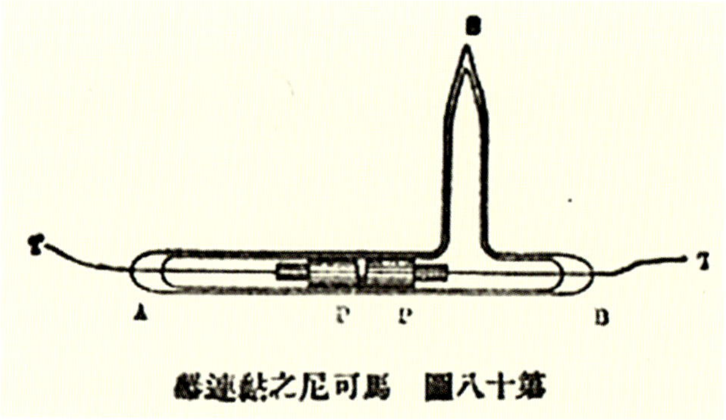

图 2　马可尼粘连器

第六章第二节提到的“交溜变电机”，就是大功率火花发射机使用的升压变压器，书前照相图版第四图便是（图 3）。按图索骥，我收到了同类型实物（正文图 2.1）。

图 3　交溜变电机

第七章第一节的发报机“偶感振动螺线（线圈，图 4）”；第二节接收机的“接收变电机（可调线圈，图 5）”“反应螺线圈”（图 6），我也收集了相应的实物（正文图 2.2、2.4、2.7）。

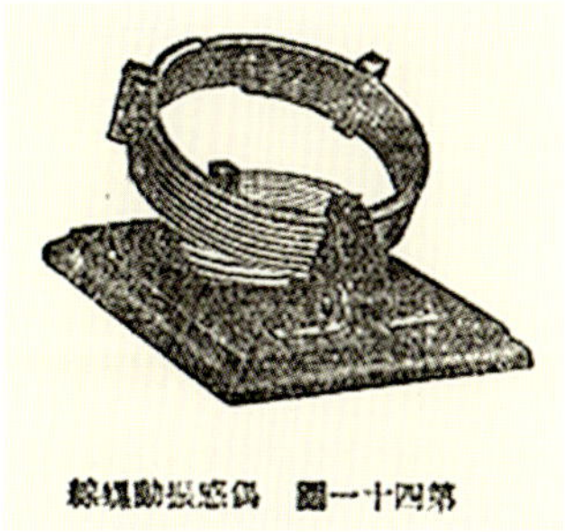

图 4 偶感振动螺线

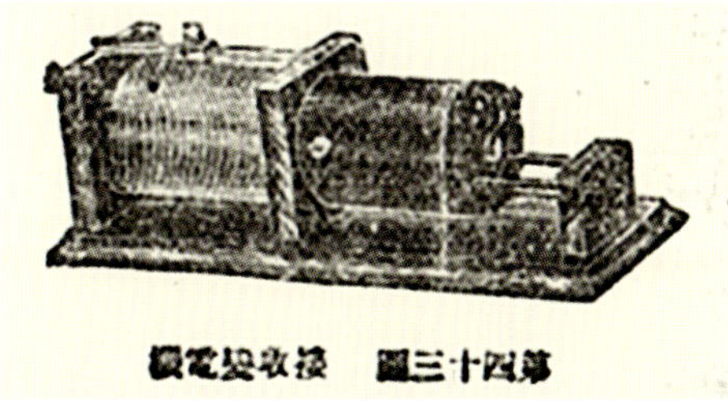

图 5 接收变电机

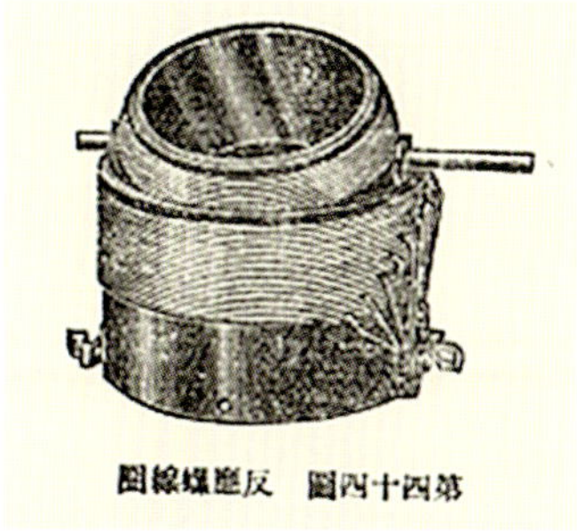

图 6 反应螺线圈

第八章《火花隙口》第一节“圆柱火花隙口”谓：“昔时赫尔资之发波器，以小金属球为火花隙口，用小量之电力，使发生短小电波，固甚有益。若用大量之电力，使发生长大之电波……乃用锌质圆柱为火花隙口，如第 ×× 图所示。圆柱上有数金属圆片，使面积大而散热速，免致隙口因热氧化（图 7—8）。”我据此寻觅到金属球形火花隙口（正文图 1.7），还淘到了类似的火花隙口（正文图 1.8、1.10）。本章第二节介绍了散热更佳，由电动机带动的“圆轮火花隙口”（图 9），我按照书中插图，买到了圆轮火花隙口（正文图 1.9）。

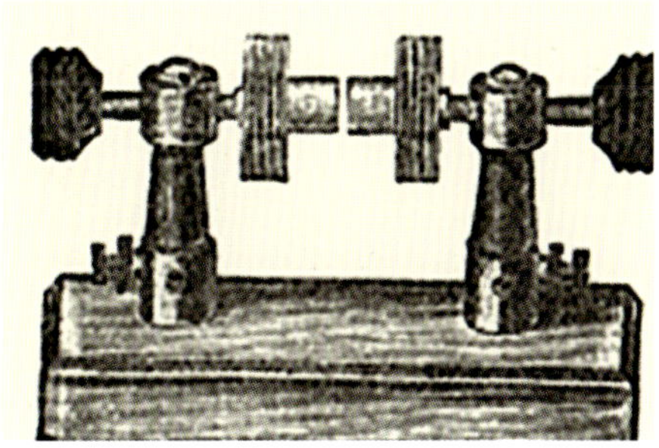
图 7 圆柱形火花隙口

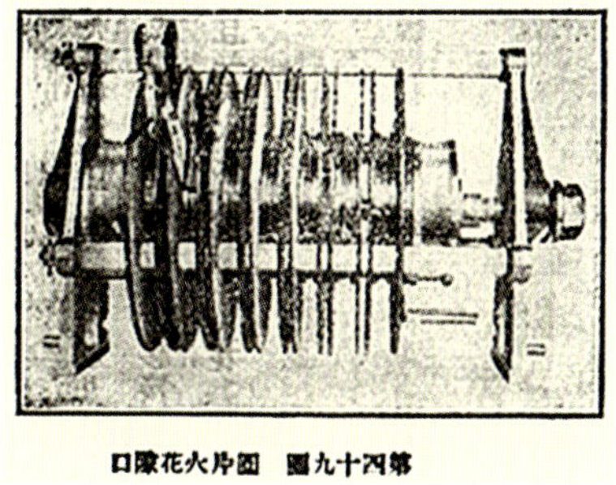

图 8 圆柱上有数金属圆片的火花隙

图 9 圆轮火花隙口

第十三章第一节“调音圈”，书中所示（图 10）实际上是调整电感量的可调线圈。据此我找到了两种类似产品，一种是法国 1910 年出品，一种是美国 1910 年代的产品（正文图 2.4）。第二节“阻力圈（或名抵抗螺线）”，就是可调线绕电阻器（图 11），我找到了同类瓷基、木基电阻器，均为美国 1910 年前后的产品（正文图 2.33、3.5）。

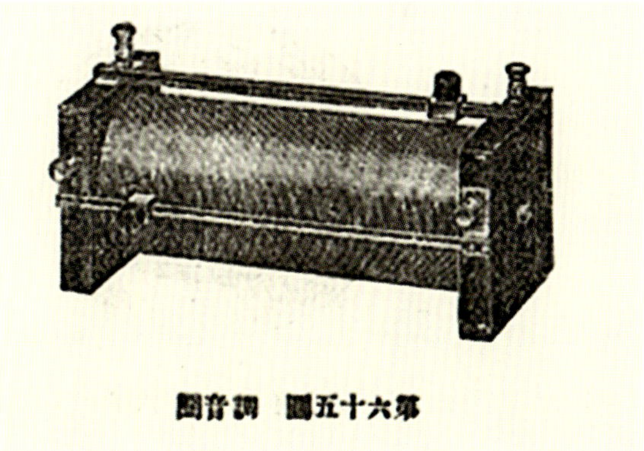

图 10 调音（感）圈

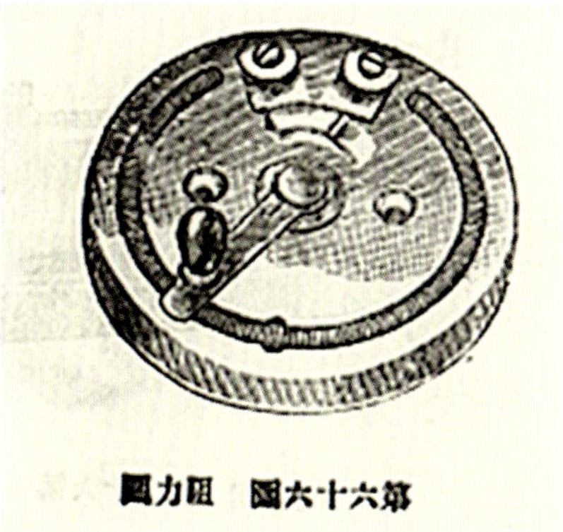

图 11 阻力圈

第十四章《相助为用之器》，第一节“双头收声器”，后称耳机（图 12）；我有不少同时代的产品，因结构、外观变化不大，不予展示。第二节“扩音器”，后称扬声器或喇叭（图 13），我收藏了 20 世纪 20 年代实物（正文图 4.23、4.24）。“双头收声器”“扩音器”，就是耳机、扬声器最初的称谓。尤其是扩音器，早在 19 世纪手摇留声机时代就出现了。所谓“大喇叭”留声机，其喇叭的作用就是扩音，工作原理与上述扩音器相同。

图 12　双头收声器（耳机）

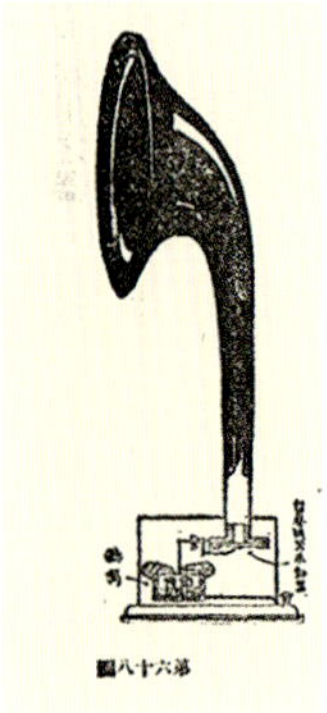

图 13　扩音器

依据第十六章第一节的“模范发报机”“模范收报机”电路图（图 14—15），我淘到了美国 1905 年的金属末收报机（正文图 1.3），以及德国、法国的类似产品（正文图 1.16、1.17），还有 19 世纪末至 20 世纪初的几种火花发生器、金属末接收机组件（正文图 1.11—1.15）。

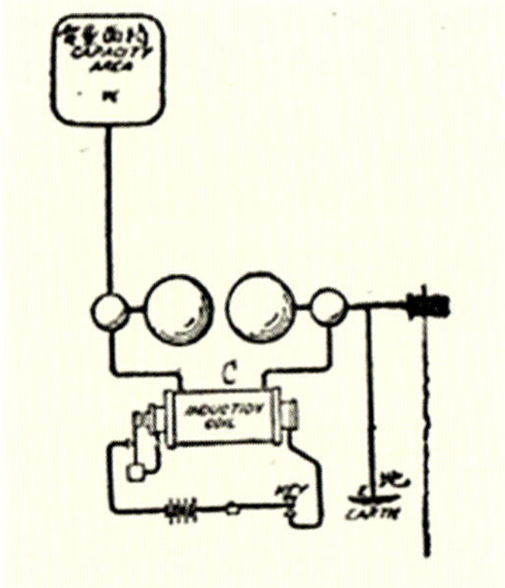

图 14　模范发报机电路图

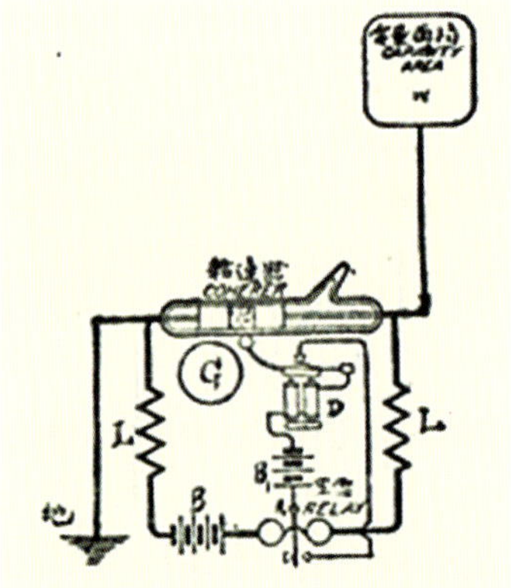

图 15　模范收报机电路图

根据第二节中“普通发报机全式图”（图 16）、“普通收报机全式图”（图 17）、“得力风根收报机图”（图 18），我收集到美国 1917 年无线电火花发报机（正文图 2.11）、美国 1918 年 BC-15A 军用无线电火花发射机（正文图 2.15）、美国海军 1915 年矿石接收机（正文图 2.8）、德国 1910 年德律风根 E4 接收机复制品（正文图 2.9）。参照第三节“新式无线电报”的电路图、实物图（图 19—21），以及第十七、十九章的介绍，我淘到了英国早期电子管发射机（正文图 3.2）、英国 20 世纪 20 至 30 年代的 T.E 型电子管接收机（正文图 3.3）、美国 1917 年 S.C.R.59 型军用电子管接收机（正文图 3.6）、美国1918年西电公司（Western Electric Corporation）军用S.C.R.68型电子管发射接收两用机（正文图3.7）、美国1920年军用BC-86-B型电子管无线电发报机（正文图3.8）。另外，参照图16“普通发报机全式图”右侧发射线圈式样，购藏了同类发射线圈等实物。

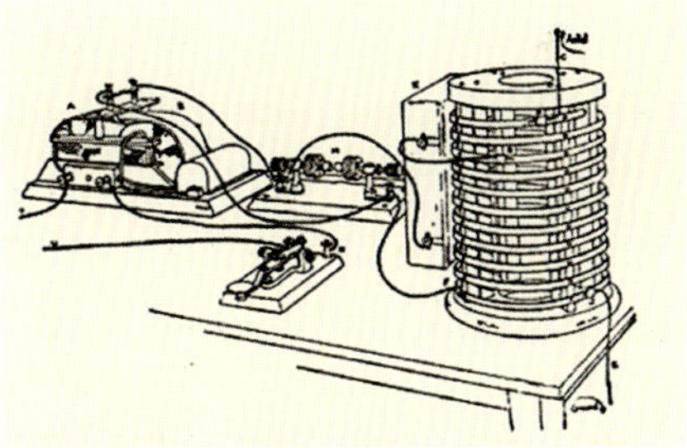

图16　普通发报机全式图

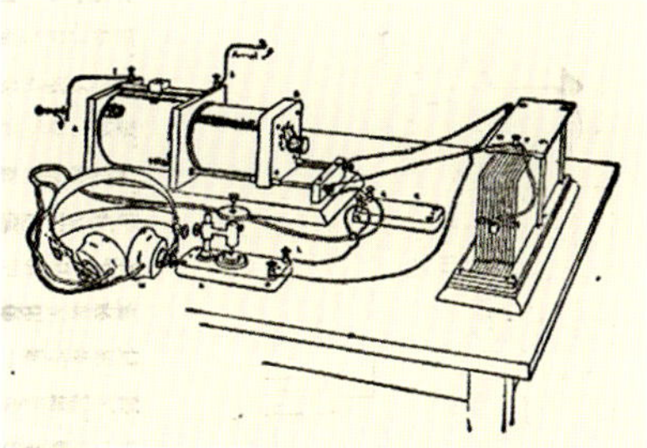

图17　普通收报机全式图

图18　得力风根收报机图

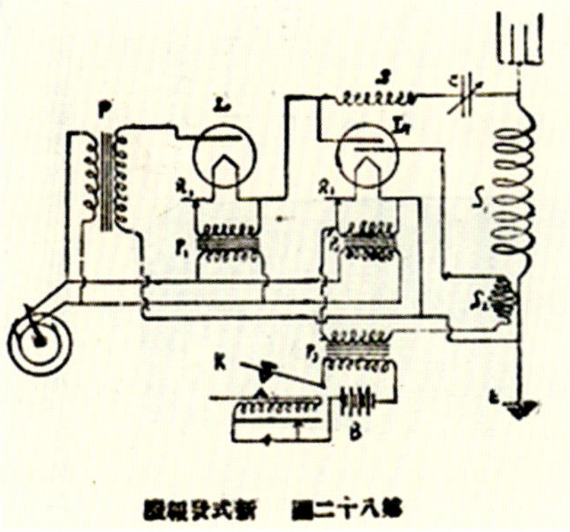

图19　新式发报机电路图

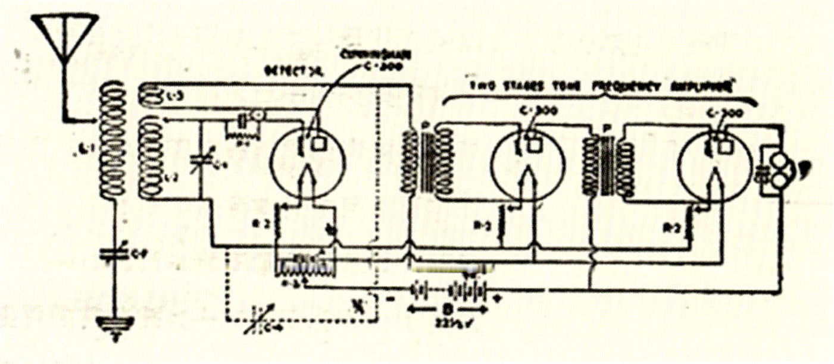

图20　新式收报机电路图

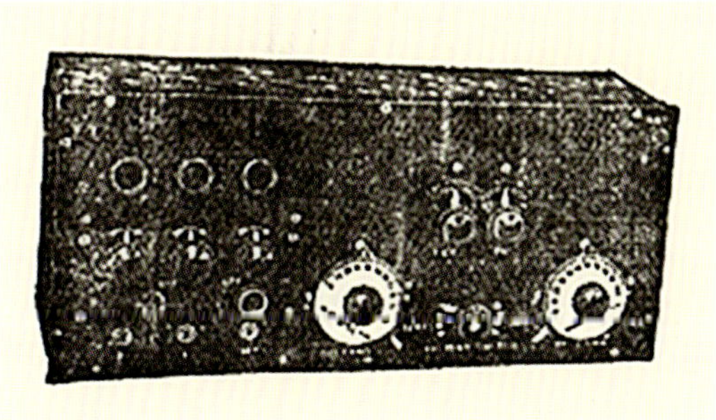

图21　新式收报机实物图

《无线电原理》能够有别于当时的同类著作，专注于早期无线电通讯史，与其作者王锡恩长期从事教学，且涉猎广泛，又不是无线电专业的实践家有关。同时期的其他著者，多数是业内人士，或为工程师，或为企业家，与收音机关系密切，其著述自然要以收音机为中心了。也因为置身于（收音机）圈外，王锡恩在书中使用了较多不规范的词汇、术语，例如“电波之撼来”“现波器”“粘连器”“调音圈”“螺线”“相助为用之器”，等等。但那些用语却十分形象，具有“意译”的成分，其中倾注了作者大量心血。总之，王锡恩殚精竭虑，为大众普及无线电知识的精神，值得我们尊敬。

信息时代前夜的求索与浪潮

王　京

如今，我们生活在信息时代。互联网覆盖全球，各种电子设备深入千家万户，人们只需动动手指即可了解到千里之外的最新动态，或是将自己的问候传递给大洋彼岸的亲友，无数自媒体发布花样百出的奇闻轶事抢占流量……这些有时令人疑问是否已过于便利的场景在几十年前还完全不是此番样貌，而它们无不得益于一种技术在20世纪的突飞猛进——无线通信。经过几番迭代，今天的无线通信技术与其初面世时相比已经脱胎换骨，但如果我们步步深入它的来路，恍惚间将看见百年前一些故人往事的影子。在那些年，借助电磁波进行通信还是一种很新的玩法，一代最杰出的头脑前赴后继地开辟这一领域，"无线电"也不只是一项小众爱好，它吸引着无数人，尤其是青少年，没日没夜地捣鼓他们的机器设备，试图调制出更好的电波，或增强接收机收到的信号。正是他们的开天辟地、奇思妙想和锐意进取，给后来蓬勃发展的无线通信技术奠定了基础。

无线电先驱们

古列尔莫·马可尼（Guglielmo Marconi）生前已经发现金属能反射高频电磁波，如果他继续研究下去，那可能在第二次世界大战初期，轴心国就已经用上后来被称为"雷达"的东西了。1937年7月20日凌晨马可尼去世，7月21日下午6时，意大利为他举行国葬，50多万人上街送行，全世界的广播电台为他静默两分钟。伦敦《泰晤士报》曾在社论中评价马可尼是那个时代极具重要性的人物，甚至提出可将这个时代称为"马可尼时代"。社论指出，马可尼在远见、信念与坚定决心的指引下，凭借耐心耕耘跨越重重障碍，创造出令人惊叹的奇迹。

最初，马可尼的发射机都用高压火花隙产生电磁波。19世纪末，第一套实验装置使用带有振动触点断流器的感应线圈来产生所需的高压，后来，改用变压器以实现更高功率。最终，在弗吉尼亚州阿灵顿的美国海军基地中出现了功率强大的发射机，这里用 500 赫兹（Hz）发电机和升压变压器来产生高压，使用了所谓的旋转式火花隙。旋转式火花隙的优势在于它能产生更高频率的信号，还能分流高功率。不过，它们效率较低，辐射范围较广，当附近有多个电台运行时，就容易互相干扰。很快，火花隙技术就达到了极限，起初马可尼公司还不愿放弃这一曾使他们处于领先地位的技术——实际上，他们当时也不掌握新技术的专利。最终，他们不得不屈服于潮流。

第一个实质性改进是电弧发射机。早在爱迪生发明白炽灯之前，碳弧就已用于照明。约在 1901 年，一位名叫威廉・杜德尔（William Duddell）的英国工程师发现给电弧加一个谐振电路，电弧就能按谐振电路常数决定的频率振荡。杜德尔的电弧只能以几千赫兹的频率振荡，无法应用于无线电，但因能被人类听到而被称为“会唱歌的电弧”。1902 年，丹麦工程师瓦蒂玛・波尔森（Valdemar Poulsen）将杜德尔的工作推进一步：他使用专门设计的电极，在一个密封箱内营造了强磁场和碳氢化合物蒸汽氛围，成功地使电弧在无线电通信可用的较高频率下振荡，电弧成为第一个能够产生纯净、无阻尼电波的发射源，甚至可以用来传输语音信号，尽管当时还没能较好地将其调制到高功率。电弧发射机被广泛用于海岸信号站和船上，但操作起来有些复杂，且容易因操作不慎将过多酒精加入电弧室引起爆炸而臭名昭著。1909 年，美国加利福尼亚联邦电报公司的工程师赛勒斯・埃尔韦尔（Cyrus Elwell）前往丹麦，通过谈判购买了波尔森电弧的专利权，电弧发射机由此传入美国。他带回美国的设备与后来的设备相比非常小，功率只有 100 瓦，但也为早期实验做出了贡献。通过逐步提升设备功率，联邦电报公司最终生产出了 30 千瓦的设备，其性能超过了当时阿灵顿海军基地的大功率旋转式火花隙发射机。

雷金纳德・费森登（Reginald Fessenden）是用连续波发射机替代火花隙发射机的先驱，也开发了新型检波设备。早期检波器灵敏度低，难以接收连续波。费森登接受过交流电理论培训，早年在爱迪生的公司担任测试员，4 年后就成为首席化学家，但 1890 年因爱迪生的财务问题被迫离职。1900 年起为美国气象局建立无线电报站，他知道无线电波只是电路中低频交流电压的延伸，所以他相信只要能产生足够高频的电波，从天线辐射出去就能传输语音，而这只需一台交流发电机。听起来很简单，理论上可行，问题在于如何建造这样一台发电机。通用电气公司是美国领先的电机制造商，费森登去游说通用电气公司接受他的交流发电机订单。该公司对接人亚历山德森（Ernst Alexanderson）的主业是旋转电机，并不熟悉无线电，虽然接受了订单，但两人在设计阶段有过多次分歧，最终交付的交流发电机也根本发不出费森登想要的高频交流电，费森登只得动手改良这台发电机。到 1906 年 10 月，他搞出了一台能用的小型交流发电机，安装在马萨诸塞州普利茅斯的布兰特岩站（Brant Rock），费森登捣鼓了一阵子试验，很快就收到一份报告，称在苏格兰听到了来自布兰特岩站交流发电机的测试信号。

这年的平安夜，费森登在布兰特岩站进行了第一次无线电广播试播。他先用留声机播放了一段17世纪德国作曲家亨德尔的《广板》，然后亲自用小提琴演奏了一首平安夜经典曲目《哦，圣善夜》（*O, Holy Night*）。之后本该由他的助手亚当·斯坦（Adam Stein）作演说，但作为世界上第一个向广播讲话的人，他怯场了，一句话也说不好。费森登的妻子海伦·特洛特（Helen Trott）和秘书原计划朗读《圣经》中《路加福音》的段落，当时也紧张得说不出话，于是费森登全包了。最后，他宣布广播结束，祝听众们圣诞快乐，并希望听众来信告知自己在何处收听到这次广播。回信中报告的位置最远达到数百英里外，其中包括航行在美国东海岸附近的一些船只。听到广播的船员们都惊呆了，毕竟在那之前，从来只能收听到滴滴答答的信号声。

费森登无疑是无线电领域的天才，但他的个性略显乖张，还有些矫情——可能恰好符合一些人对天才的刻板印象。他曾对下属说："可别自己思考，你没那个脑子！"他也曾拒绝过荣誉，却不像萨特拒绝诺贝尔奖那样潇洒帅气。1921年，无线电工程师学会授予费森登荣誉勋章，费森登听说马可尼早先获得的这个勋章是纯金打造的，但他检测发现自己的勋章并非纯金，于是他竟将勋章退回学会，并要求学会将他除名。在好友格林里夫·惠特勒·皮卡德（G. W. Pickard）开展调查，确定两枚勋章成分相同后，费森登又同意拿回自己的勋章。顺带一说，这位皮卡德正是矿石检波器的发明人。他发现细金属丝（"猫须"）与某些晶体材料（尤其是硅）接触时可以整流并解调高频交流电（例如无线电波在接收天线中产生的交流电），并在1906年获得专利。

与费森登的布兰特岩站同时期的还有一些广播站，这些站点似乎都没有设想过一对多的公共广播，它们的关注点在于用语音代替摩尔斯码进行一对一无线通信。电话公司倒是对这些实验很感兴趣，从中他们看到了补充提升有线电话业务的可能性。

语音通信的真正进步还得等待真空管的出现。有了功率足够大的真空管，就能造出足够强的发射机。李·德·福雷斯特（Lee de Forest）于1906年发明了真空三极管，这是无线电收发新技术的开端。德·福雷斯特最初将他的真空管称为"audion"，是一个包含灯丝、栅格和极板的小玻璃泡。它的特点是，栅极上的电位变化会显著引起从极板流向灯丝的电流变化。通过在栅极和极板间引入一种耦合——可称为"反馈"（feedback），真空管就变成了振荡器。增大真空管的尺寸，它们就可用来产生任何所需的射频功率。在无线电接收器中用作探测器时，在真空管的放大作用下，信号接收灵敏度得到极大提高。1915年，横贯北美的电话线开通时，就是用经过改进后的"audion"作为中继器，事实证明它效果拔群。

在无线电发展早期，还有很多著名或无名的先驱们，如詹姆斯·克拉克·麦克斯韦（James Clerk Maxwell）、海因里希·赫兹（Heinrich Rudolf Hertz）、奥利弗·洛奇

（Oliver Lodge）、爱德华·布冉利（Édouard Branly）、尼古拉·特斯拉（Nikola Tesla）、亚历山大·波波夫（Alexander S. Popov）、奥利弗·亥维赛（Oliver Heaviside）、卡尔·费迪南德·布劳恩（Karl Ferdinand Braun）、埃德温·霍华德·阿姆斯特朗（Edwin Howard Armstrong）……他们都发挥自己的聪明才智，为无线电的理论、技术或产业化做出了不可磨灭的贡献。当然，也产生了很多发明权上的纠纷，有些争论一直持续至今。除了事实本身的漫漶，更关乎历史书写话语权的争夺，这里就不一一介绍了。

海上无线电

早期的无线电报既作为大洋电缆的替补方案、为陆地通信线路提供辅助连接，也被用于满足海上船只通信的需要。对无线电操作员来说，听到SOS信号是难忘的经历，大多数操作员可能在海上航行多年都没听到过这种信号，直到二战时——潜艇战期间差不多每天晚上都有求救信号发出。SOS 信号是在 1906 年柏林国际无线电会议上被提出的，之所以选择 S 和 O，只是因为它们在用摩尔斯电码拼写时非常明显。更早的求救信号 CQD 是马可尼公司在 1904 年 1 月 7 日发布的第 57 号通令中正式指定的，与海员们玩笑式的说法不同，它并不代表“Come Quick，Danger”（有危险，快来），“CQ”是对所有电台的通用呼叫（来自 Seek You），而“D”则表示遇险（Distress）。

这一时期，业余无线电爱好者在逐渐增加，他们与海军电台之间的频道冲突也引起了广泛关注。1908 年 3 月，《旧金山呼声报》上一篇文章的标题是：“国会喝令美国男孩：小子，住手！”文章把这种情况称为勇气十足的年轻人与西奥多·罗斯福总统之间的斗争。1904 年 10 月，《电气工程师和机械师》杂志曾报道，巴尔的摩的年轻人中掀起了一股 “无线电热” 浪潮。与此同时，美国海军对无线电爱好者提出批评，指出这些爱好者的行为致使海军舰队与总部的通信陷入困境。海军方面表示，由于大量业余小电台的存在，美国海军海岸电台的工作效率大幅下降，甚至降低了一半。

尽管如此，海上无线电的使用还是如火如荼，很少有客轮会在没有装备无线电设备的情况下就离港。1909 年发生的一起戏剧性事件充分证明，无线通信是海上船只的必需品。英国白星航运公司的共和国号（Republic）与意大利的佛罗里达号（Florida）在大雾中发生碰撞，共和号上的接线员是一位名叫杰克·宾斯的年轻人，他用紧急无线发射器播出了求救信号。当时国际求救信号“SOS”尚未被广泛使用，宾斯呼出了“CQD”。两艘船在南塔克特灯船（Nantucket lightship）西南 26 英里（约合 42 公里）处相撞，仅 4 人丧生，约 1400 名乘客获救，被转移到佛罗里达号和另一艘响应无线呼叫的邮轮波罗的海号（Baltic）上。这是无线通信首次挽救了大量生命，杰克·宾斯被誉为英雄，公众心目中树立了无线电操作员的英雄形象。3 年后，泰坦尼克号上的约翰·菲利普斯和哈罗德·布里德又强化了这一形象。

1912 年 4 月 15 日，当泰坦尼克号遭遇惨剧时，无线电报务员菲利普斯和布里德起初发出了 CQD 呼叫，但无人回应，后来他们又用了 SOS。仅在 18 英里（约合 29 公里）外的加州人号（Californian）没有听到呼叫，因为它的无线电报务员下班了。加州人号的甲板官甚至看到了泰坦尼克号发射的火箭，还通知了船长，但船长选择无视火箭，大副也说："他们这样（豪华高端）的船，还用得着放火箭？"因此，卡帕西亚号（Carpathia）是唯一收到求救信号并给予有效援助的船只。如果不是它的无线电报务员在值班结束后继续监听（另一种说法是已经下班的报务员当时恰好回办公室看时间），卡帕西亚号也会错过遇难信号。

在卡帕西亚号接走了幸存者之后，其他船只陆续赶到，接走了尸体。许多遇难者被找到时都套着救生衣漂在海面上，由于海水冰冷，这些尸体保存完好。它们都被堆放在救援船的甲板上，入殓师们惨淡地进行着他们的工作。

泰坦尼克号悲剧的直接后果是改变了海上无线电操作的规定。从此船只都必须保证在 500 千赫的求救频率上有持续的无线电守望，并规定无线电操作员要拿到许可证才有资格上岗，还建立了冰山巡逻队，通过无线电报告险情。

1912 年首次立法规定船用无线电设备的规则后，许多乘客都陷入了虚假的安全感中。他们觉得，只要船上按规则配备了无线电设备，就不用再担心紧急情况了。然而，有些船东会玩忽职守。无线电检查员发现，有些即将开始远洋航行的船只上无线电设备有猫腻。1914 年，威严号（Majestic）和塞德里克号（Cedric）两艘轮船因无线电设备故障而未获准出航，引起广泛关注。1914 年 2 月 7 日，《电气世界》在社论中指出，公众此前对无线电技术的充分信任或许存在偏差，当下所有客轮都应配备真正可靠的应急或辅助发射机。

但是，即使无线电系统运行良好，也可能因为船长的错误判断造成沉船事故，因为没有船长下令，无线电操作员就不能发送求救信号。1928 年，维斯特里斯号（Vestris）在从纽约驶往南美的途中，船体突然漏水，船长认为还来得及靠岸，挽救船只。即使船体已倾斜 30 度，船长仍顽固地拒绝求救。当船长改变主意时，船已开始下沉，乘客和船员紧急撤离到救生艇上，但有 100 多人丧生，包括无线电操作员奥洛林。一对年轻夫妇上了不同的救生艇，分别被两艘船接走，送往不同的港口。有好几天，两人都不知道自己的爱人是否还活着。

泰坦尼克号灾难后诞生的基本求救信号体系多年来一直运行良好，但航运的情况与时俱进，欧洲、美洲和亚洲之间的航线上逐渐不再有那么多巨型客轮。尽管在船上无线电操作员不是高收入群体，对船东们而言还是不可或缺的。尤其是在货轮上，船员已寥寥无几的情况下依然配有无线电操作员。但最终，历史的进程选择了新的卫星技术，取代了旧体系。

广播来了

当无线电技术从传输电码发展到传输语音时，掀起了一波史上最大的全民浪潮。早期用电弧发射机或高频发电机进行的实验，让为数不多的专业无线电操作员和业余无线电爱好者听到了他们想要的“嘀嘀哒哒”以外的东西。1916 年，德·福雷斯特在纽约布朗克斯区建立了一个广播站，11 月 7 日，他对伍德罗·威尔逊和查尔斯·埃文斯·休斯的总统竞选进行了广播，并在晚上 11 点宣布休斯获胜并立刻收工——实际上胜选者是威尔逊！早期广播的随意性可见一斑。

在美国，真正的广播潮差不多从 1919 年开始。这年 10 月 17 日，弗兰克·康拉德（Frank Conrad）开始在宾夕法尼亚州匹兹堡地区的业余电台 8XK 上播送语音和音乐。康拉德是西屋电气公司（Westinghouse Electric Corporation）的员工，他的节目给公司副总裁哈里·戴维斯（Harry Davis）留下了深刻印象。西屋公司意识到，如果能提供听众感兴趣的节目，就能向他们卖出海量无线电接收机。于是，KDKA 台诞生了，这个先锋广播电台具有里程碑意义。KDKA 的信号很强，在夜间条件下整个美国都能收听到。另一个早期电台是 8MK 台，它于 1920 年 8 月 20 日开始运营，后来成为密歇根州底特律的 WWJ 台。尽管此时大多数接收机都很原始，但由于电台少、干扰小，依然可以接收到远途而来的信号。

要充分理解美国人民对广播的热情，就必须考虑到当时的社会状况。在广大农村地区，农民的生活条件还跟南北战争时期差不多，拉动经济基本靠马，很多家庭没有汽车，电网覆盖面也不够，夜间照明全靠油灯，只有少数家庭用得起阿拉丁煤油灯，这种灯发出的白光比老式的灯芯灯要亮一些。

常见读物包括报纸、西尔斯·罗巴克商品目录（the Sears Roebuck catalogue），还有为孩子们准备的《青年伴侣》（*Youth's Companion*）。农户们通常每周只去镇上一次，影院刚开始放映默片，其他的娱乐方式也就是弹弹钢琴或演奏别的乐器，顶多放放留声机。城里人的情况也好不到哪去，他们可能有电灯，也有剧院和音乐会，但这些娱乐项目一点也不普惠。

1922 年，时任美国商务部长的赫伯特·胡佛在第一届全国广播大会上致辞时提到，过去四五个月里，美国发生了一件极令人震惊的事情。据商务部估计，当时有 60 多万人拥有无线电话接收装置，另一种估计则是 100 万人，而一年前这种装置还不到 5 万台。他表示，大家正站在一个崭新的起点，这个起点通向情报的广泛互联，从公共教育和公共福利角度看，有着极深远的意义。

广播为闭塞的家庭开阔了视野，一跃成为人们娱乐的首选。从 KDKA 开始，美国各地的广播电台如雨后春笋般涌现，而政府还来不及开展有效监管，保障秩序。各家电台或多或少都选择了自己的频率，以自家能承受的功率水平进行广播，有些电台功率只有 5 瓦，仅比业余电台多一点。人们逐渐意识到，除非有序利用无线电频谱，否则这一新媒体很快就会因被滥用而失去价值——想想如今社交媒体上过量的碎片信息，我们也不难理解这一点。

1916 年，从美国马可尼公司基层做起的大卫·萨尔诺夫（David Sarnoff）晋升为美国无线电公司（Radio Corporation of America，简称 RCA）的负责人，他提出了无线电音乐盒的想法。萨尔诺夫展示了他预见未来的能力，他将自己的想法描述为一种设备，或者说一个盒子，按下开关就能接收到几种不同波长的信号，通过放大管和扬声电话播放出来。萨尔诺夫的想法极具远见卓识，但随后到来的第一次世界大战让所有制造商都忙于战争事务。战后，萨尔诺夫的商业判断终于得到了证实，1922~1924 年，RCA 的家用接收机销售总额达 8 300 万美元。

由于制式收音机价格昂贵，数百万用户开始 DIY。零部件供应公司如雨后春笋般涌现，它们的产品在各种商店出售，包括药店、百货商店和十分店（类似中国的两元店）。根斯巴克的《无线电新闻》（*Radio News*）等杂志为热衷于 DIY 的人刊文介绍。一些有钱人要么购买商用收音机，要么请“专家”为他们定制收音机。无论贫富老少，几乎每个人都能选到心仪的收音机，大多数人也确实买了。最简单的矿石收音机只需一副耳机、一个方铅矿探测器和一个线圈，就能让人听到节目。但如果想要更好的机器、更优质的享受，就要多考虑一些条件。首先，如果在电台几英里外，就必须架设室外天线。因为要用耳机收听，所以每家一般都备有多套耳机，以便家人们能同时收听。给收音机供电的电池组多由小型干电池组成，通常需要 90 伏至 135 伏，这些电池不能充电，还得记着换电池，电池也不便宜。或者也可以像很多人家一样，用车载6伏蓄电池来供电，但这些笨重的电池不好直接放在地毯或抛光地板上，因此还得为它们找个合适的地方，并记得及时充电。

许多早期的收音机都是再生式的。所谓再生式，是指一种针对检波管的可控反馈方式，由德·福雷斯特和埃德温·阿姆斯特朗在同一时期发明，在再生检波电路中，射频能量从板极电路反馈到栅极电路，产生载频正反馈，使收音机灵敏度大为提高。遗憾的是，如果再生电平过高，检波管就会进入振荡状态，成为一个微型发射器，再加上室外接的天线，这种振荡状态的接收器发出的信号能传很远，这在大城市里会导致严重后果，因为可能有几十上百台收音机调谐到同一个频道。因此，再生式收音机在英国被判为非法。在美国倒没这么惨，但随着更好的收音机面世，它们还是逐渐没落了。尽管在英国要遵守上述这类限制性规定，还得为电台执照支付费用，但丝毫不影响英国人对广播的热情，这从电台执照记录中就能看出：1923 年，已知的电台执照持有者数量约为 20 万，至 1946 年已超过 1 000 万。

广播台的操作方法也在逐渐变化。一开始，在电台播出时间内，必须有一名持证的无线电操作员在发射台值班，后来随着广播发射技术不断成熟，发射机的所有功能都能由中央演播室遥控。最后，在美国，仅剩的要求是发射机操作员必须持有联邦通信委员会颁发的执照，只有在日常维护或发生故障时，才会有人到发射机现场进行检查。

广播开辟了一个新世界，引起公众近乎狂热的兴趣。但相比于听到的内容，早期听众的兴趣更多在于记录下远方的电台。大家很快也发现了马可尼在多年前了解到的情况：夜间的传播条件更好。农村的听众更有可能收听到来自远方电台的声音，而城市因为被当地发射机的信号重重包围，不太可能收到远方电台的信号。为迎合听众需求，地方电台有时会举办“静默之夜”活动，在特定时间内关闭发射机，以便听众们可以收听到远方电台的节目。

1920 年，收音机第一次出现在美国的零售货架上时，年销售额仅为 1 000 万美元，到 1929 年就达到了近 8.5 亿美元，增长率超过其他工业产品。RCA 的股价也随之节节攀升，从 1928 年年初的每股 85 美元涨到了 1929 年夏季的每股 500 美元，很多人坐上了这趟过山车，菲茨杰拉德把《了不起的盖茨比》给他带来的部分收入投入 RCA，前总统柯立芝和特级上将约翰·潘兴也奋起入股，但不幸的是，他们中有些人没有在高位跳车。1929 年秋，大萧条到来，RCA 股价被腰斩再腰斩，经历了一段很艰难的时期，但好在群众基础还在：1930 年，每个美国家庭平均每天要收听 3.9 小时广播，广播已然成为大众生活不可或缺的一部分了。

参考文献

1. 马克·拉伯伊·M，古列尔莫·马可尼传：联络世界的人[M]. 蔡留琴，殷倩，译. 长沙：湖南科学技术出版社，2022.

2. Coe, Lewis.*Wireless radio*: *A History*[M]. Jefferson:McFarland, 1996.

3. Bathgate, Gordon. Radio broadcasting: *A history of the airwaves*[M].Barnsley:Pen and Sword History, 2020.

4. 毛春波. 电信技术发展史[M]. 北京：清华大学出版社，2016.

5. 德伯拉·L·斯帕. 技术简史[M].倪正东，译. 2版. 北京：中信出版社，2016.

6. 姜振寰. 世界技术编年史·通信 电子 无线电 计算机[M]. 济南：山东教育出版社，2019.

7. 汤姆·斯丹迪奇. 社交媒体简史：从莎草纸到互联网[M]. 林华，译. 北京：中信出版社，2019.

浅谈火花式发射机

孙忆南　焦帅铭

火花式发射机的发明是通信技术史上里程碑式的事件。这些设备在早期无线信号的传输中起着至关重要的作用，也为现代无线通信系统的发展铺平了道路。很多早期的无线电通信设备只是实现了远距离无线传输信息这一功能，但受限于当时的理论发展和技术手段，许多问题未得到充分的研究，这些设备也没有得到充分的优化。对科技发展史感兴趣的无线电爱好者，在复原的过程中也需要对电路的原理有一定的掌握。本文试图用现代的电子技术语言对火花发射机的特性做一个简单的介绍，有助于帮助感性的读者理解火花式发射机的原理。

火花发射机，也称为火花隙发射机，是一种巧妙地产生高频电磁波的装置。它由感应线圈、火花隙、低压直流电源、谐振电路、电报开关等组件组成，如图 1 所示：

图 1　火花式发射机的实物照片

LC 振荡和火花发射机的技术原理

根据麦克斯韦的理论，只有交变的电场或磁场才能在空间中激发出电磁波，作为发射系统核心的发射机可以产生这种高频的交变电流，并送入天线，辐射出电磁波。

如果将电感 L 和电容 C 串联接在电压为 V_0 的直流电源上，电路稳定后，电容上的电压为 V_0，电路中的电流以及电感上的电压都为 0，没有振荡产生。这时，如果直流电源的电压突然变为 0，那么电容上的电压将瞬间在电感 L 上，如果考虑电路的损耗存在，电路中将激发出一个减幅的振荡。电容上的电压 v 随时间 t 的关系为：

$$v(t) = V_0 e^{-\frac{\omega t}{2Q}} \cos\left(\omega t \cdot \sqrt{1 - \frac{1}{4Q^2}}\right) \tag{1}$$

其中，$\omega = \frac{1}{\sqrt{LC}}$，$Q = \frac{1}{R}\sqrt{\frac{L}{C}}$，$\omega = 2\pi f$，为角频率，Q 为系统的品质因数。L、C 和 R 分别是等效串联电阻的电感、电容和损耗电阻。Q 值越大，振荡持续的时间就越长，但随着时间的增加还是会衰减到零。因此要重复不断地将电容上的电压升高到某个值后，然后将电路的电压突降为零。这种重复频率一般需要达到几百赫兹（Hz），而且需要承受高压和大的电流，基于当时的技术条件，用火花隙来实现这个开关是非常巧妙的做法。以现在的眼光看来，火花隙具有负阻效应，当火花隙被击穿时，间隙中的空气电离，产生电火花，使火花隙的电阻降到一个非常低的水平，谐振回路闭合，电容器上的电荷通过火花隙放电，以电流的形式对线圈进行充磁。当电容器的电压达到零时，由于线圈的自感，电流不会停止而是继续保持流动，以相反的极性对电容器极板充电，直到电荷再次存储在电容器上。之后这个过程重复进行，电荷以相反的方向通过线圈，再次对电容器进行充电，形成前面所述的振荡过程。这种振荡通过耦合线圈或者耦合电容馈送到天线，然后辐射出去。谐振电路中总的能量为最初存储在电容器上的能量，辐射出去的电磁波、电感、电容、连接线和火花产生的热量消耗掉了这些能量，使电磁振荡的幅度逐步衰减到零。当谐振回路中的振荡电流减小到不能保持火花隙中的空气电离时，火花停止，谐振回路变成开路，同时振荡停止，不再向外辐射电磁波。此时高压电源继续向电容器中充电，开始下一个循环。

感应线圈和消火花电容

为了连续不断地产生阻尼振荡，就需要给这个振荡电路不断地施加高压脉冲。而当时人们比较方便获得的是只能产生低压直流电的电化学电池。这就需要感应线圈，将低压直流电源转化为高压脉冲。它具有的结构，如图 2 所示：

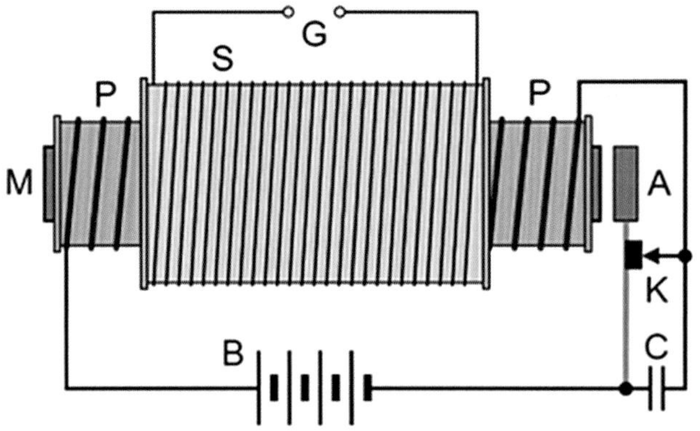

图 2　感应线圈结构原理图

感应线圈由铁芯 M、初级线圈 P、次级线圈 S、衔铁 A、触点 K、电容器 C 等部件组成。感应线圈的初级线圈和次级线圈绕在公共的铁芯上，使初级线圈的大部分磁场通过次级线圈。其中初级线圈由粗导线绕制而成，匝数相对较少；次级线圈由细导线绕制而成，匝数相对较多。当通电时，电压加在初级线圈上，由于自感的作用，初级线圈中的电流逐步上升，磁场逐步增强，吸引断路器末端的衔铁使得触点在某一个时刻断开，初级线圈所在的电路变成开路，电流降为零，初级线圈和次级线圈中磁通量快速改变。由于次级线圈的匝数较多，快速改变的磁通量在次级线圈中引起了极高的感应电压，我们得到了想要的高压输出。当初级线圈的磁场崩溃后，衔铁由于弹簧的作用回到初始位置，初级线圈所在的电路再次导通，初级线圈中的电流又开始缓慢上升，重复与刚才描述一样的过程。

其中并联在触点 K 上面的电容 C 非常重要，这个电容除了抑制触点上电火花的形成，延长触点寿命以外，更重要的是可以提升感应线圈的输出电压：

初看起来，这个电容的存在不利于产生高压。当触点断开时，初级线圈这个电感上产生的电压（也专称为反电动势）为：

$$U = L\frac{\mathrm{d}I}{\mathrm{d}t} \tag{2}$$

如果电容不存在的话，电流的变化率 dI/dt 趋于无穷，初级线圈上的电压也将达到极大值。而电容的存在，使得电感上的电流不能得到突变，限制了产生的最大电压。然而现实中，不存在理想的瞬间断开的触点，在机械的作用下，触点的间距是随着时间而增大的。在断开的刹那，电感产生的反电动势很容易地击穿触点上的微小间距，产生电弧。由于电弧本身的负阻现象，电弧导通后，即使触点间距拉大也很难熄灭。这个电弧一方面烧蚀触点，也限制了电流的变化率，不利于电压的提高。电容的存在，使得触点上的电压不能够突变。我们选择合适的电容量，使得电容上也就是触点两端随时间增长的电压，始终低于触点间距逐渐拉开时所能耐受的击穿电压，那么触点就不会产生电弧。当然，过大的电容也会限制能产生的最大电压，简单的分析可以知道最大电压为$\sqrt{L/C}\,I$，其中 L 为感应线圈的初级电感，C 为触点并联电容，I 为触点断开前电感流过的电流。所以 C 在保证触点不产生火花的前提下，小一些对于产生高压有好处。这个电容除了像上面分析的一样，可直接并联在触点上，也可以并联在感应线圈的次级，甚至不需要这个实体电容。感应线圈初级、次级的分布电容，也足以起到相应的作用。

在现代的电路中，在用继电器或者电子器件去开关感性元件时，这个电容也是必需的，一般叫作消火花电容，用来延长继电器的触点寿命或者避免电子元件被高电压击穿。

火花式发射机的实例分析

后续的大多数火花发射机都有两个谐振电路，如图 3 所示。这两个谐振电路通过空气芯耦合，一般被叫作谐振变压器或者振荡变压器，此时的火花发射机被称为电感耦合发射机。火花隙与变压器的初级线圈以及连接到变压器初级线圈的电容器构成第一个谐振电路，变压器初级线圈中的振荡电流产生振荡磁场，引起次级线圈中的感应电流。天线连接到变压器的次级线圈上并将次级线圈接地，天线的电容或者给变压器的次级线圈再接一个电容器与变压器的次级线圈共同构成了第二个谐振电路。我们需要将这两个谐振电路调谐到相同的谐振频率。同时 LC 谐振回路改为并联形式，火花隙串联连接感性线圈和并联谐振回路。这种结构的优点是，火花的损耗电阻不再影响电路的 Q 值，即使在火花停止后，振荡电流也会在天线电路中持续存在一段时间，产生低阻尼波。由于天线电路的 Q 值较高，发射的电磁波能量集中在较窄的带宽内，对其他无线通信设备的干扰较小。

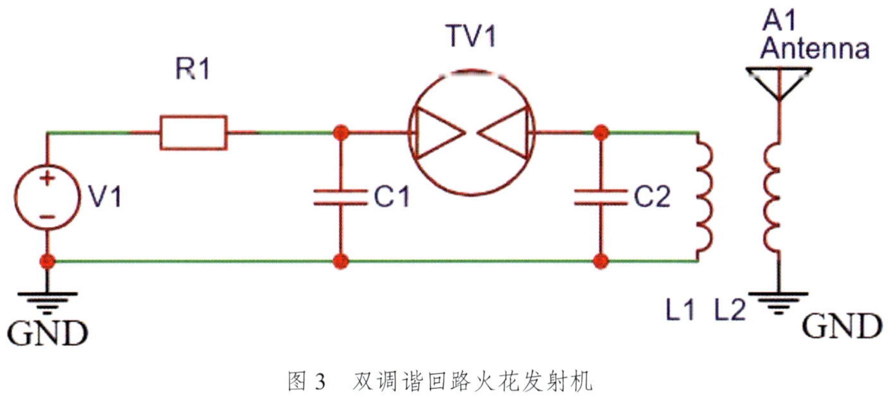

图 3　双调谐回路火花发射机

感应线圈目前不容易获得，这里使用 HF3FA 继电器和高压变压器实现感应线圈的功能，0.1 μF 消火花电容器、两个 300 pF 压片陶瓷电容、310 μH 的螺旋线圈、导线构成。继电器起到开关的作用。将直流电压源通过 HF3FA 与高压变压器的初级线圈相连，将高压变压器的次级线圈与第一个 300 pF 的压片陶瓷电容并联。将火花隙和第二个 300 pF 压片陶瓷电容串联，再将第一个 300 pF 电容器与这二者的串联并联，其中火花隙由两段导线弯曲分别形成圆弧结构并相距一定的间隔构成。再为第二个 300 pF 电容器并联绕制的螺旋线圈，这第二个电容器与线圈作为的电感器共同组成谐振电路，用于调整电路的谐振频率。

打开直流电压源并使开关闭合，可以看到火花隙不断有火花闪烁，发出“嗞嗞”的声音。最终电路实物图和运行状态，如图 4 所示：

图 4　由直流电压源供电的正在运行的火花发射机

这里使用示波器将火花发射机发出的信号捕捉并记录下来。通过弱耦合将示波器探头连接到振荡回路上，显示波形，并对波形进行傅里叶变换，以确定其频率，分别如图 5 和图 6 所示：

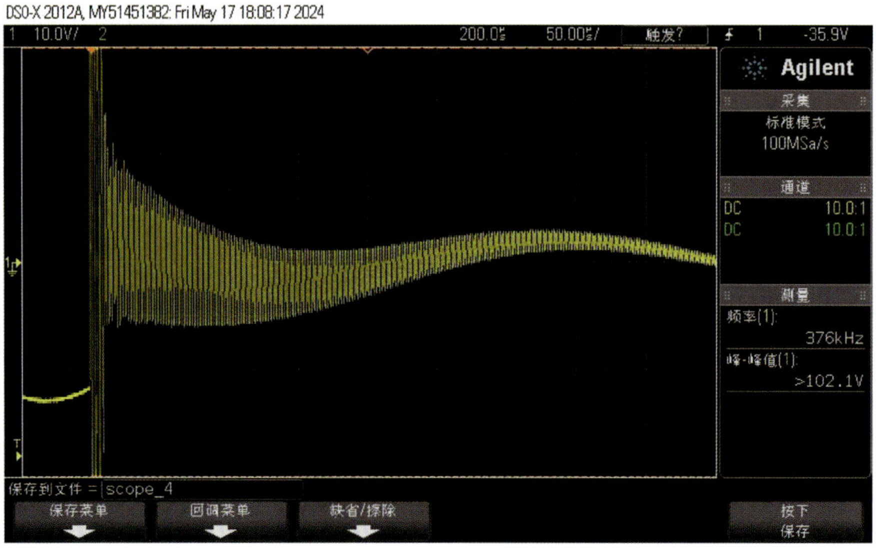

图 5　火花式发射机在谐振回路中的波形

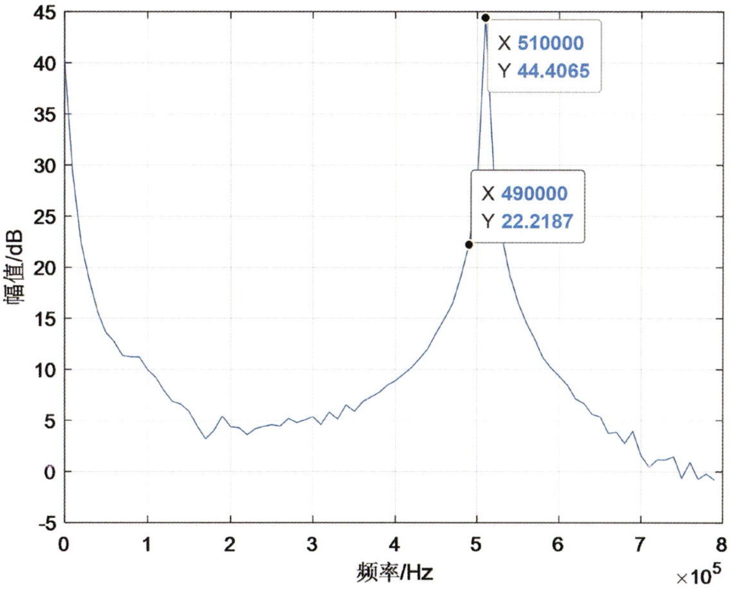

图 6　火花发射机信号频谱

通过观察频谱图像，可以确定此火花发射机发出信号的频率成分大致包括 490 kHz ～ 530 kHz 之间的频率分量，频谱幅度峰值位于 510 kHz 附近。理论计算可得该火花发射机谐振电路的谐振频率为：

$$\frac{1}{2\pi\sqrt{300\times10^{-12}\times310\times10^{-6}}}=522\,\text{kHz} \tag{3}$$

实验结果与理论计算的结果大致相符。由频谱可得火花发射机发出的信号占据了从 490 kHz 到 530 kHz 之间的频带，这样的一个信号源占据 40 kHz 的带宽，这对于现代通信的需求简直是不可容忍的。如果大量的信号源都占用了 40 kHz 的频带宽度，那么可用的频谱资源显然不支持现代每个人都拥有一个或多个无线通信设备的无线通信需求。如果同时有很多这样的信号源在工作，会导致严重的电磁干扰问题，造成数据丢失或错误，降低整体的通信质量。此外，火花发射机占据了如此宽的频带资源，但只有少量频率携带有效信息，这意味着频谱资源和能量的利用效率低下。

对火花式发射机中谐振回路品质因数的讨论

品质因数是谐振回路的一个无量纲参数，它可以表示振子的阻尼性质，也可以表示回路的谐振频率相对于带宽的大小。品质因数 Q 可以定义为：振荡器中储存的能量与该振荡器的振荡幅度保持不变时，每周期外界需要提供给振荡器的能量之比。对于火花发射机来说，振荡开始时电容器和线圈中存储的能量之和，即为振荡器中储存的能量；在振荡过程中一个周期内，由电容器和线圈上的寄生电阻消耗的能量，即为了保持振荡器振幅不变，外界需要供给振荡器的能量。Q 还可以定义为，谐振回路的工作频率 f 和 3 dB 带宽的比值，这代表了谐振回路频率选择性能力的强弱。分析频谱图，可以得到该火花发射机的 3 dB 带宽为 3.8 kHz。根据上述有关于品质因数 Q 的第二个定义，计算可得 Q = 510 k / 3.8 k ≈ 134。

根据振荡波形随时间变化的关系式，我们可以得到：

$$Q \approx 4.53 \times N \tag{4}$$

其中 N 是振荡幅度下降到初始振荡幅度一半时所需要的周期数，初始振荡幅度可以选择曲线上的任意一个位置。这样通过直观计数屏幕上振荡幅度衰减至初始值一半的周期数，即可快速得到该 LC 回路的品质因数 Q 值。

在得到谐振回路的 Q 值之后，根据公式（1），我们可以对谐振器理论上的电压波形做傅里叶变换，得到该波形的频谱图，与实际测得谐振器发出的信号的频谱图做对比分析。使用 matlab 对谐振器理论上的电压波形进行数据处理，得到其频谱图，如图 7 所示：

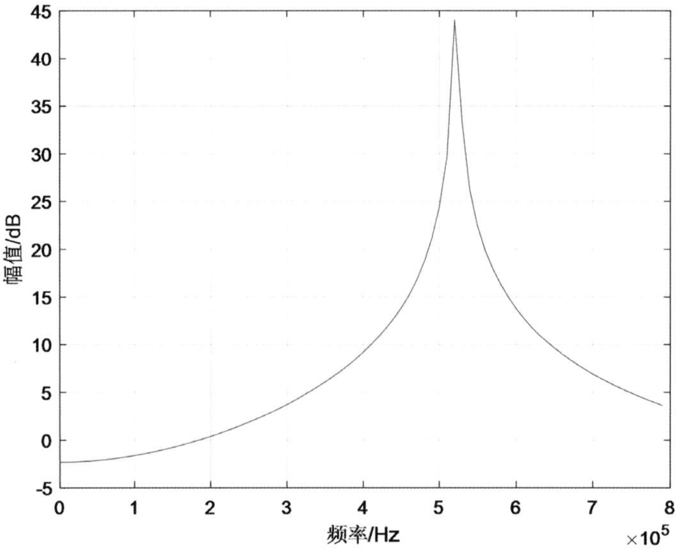

图 7　火花发射机理论信号频谱

与实际测得的火花发射机的信号频谱相比，二者形状十分接近，这验证了我们前述由微分方程得出的波形随时间变化关系式的正确性。但是实际的火花发射机多出来了一部分低频分量，这是由于火花隙作为开关对高压不断导通闭合产生的阶跃信号。这部分低频能量无法通过天线有效辐射，因此不必考虑。

在射频电路中，通常需要较高的 Q 值，以尽可能提升电路在实际应用中的频率选择性。高 Q 值不仅有助于增强选择性，还能降低振荡过程中的能量损耗。然而，依据 Q 值的第一个定义，高 Q 值将导致同样的发射功率，使谐振回路承受的电压和电流按比例增大，进而导致设备造价提高。

海上船舶无干扰火花发射机频率最小间隔实例分析

频率和空间上的间隔，使得多个台站同时通信存在可能。无线通信中存在信道衰落，信道衰落是指信号在传输过程中受到各种因素的影响而造成的信号强度衰减或变化的现象。这些因素包括在长度较长的距离尺度下影响信号强度的大尺度衰落和在小尺度区间描述信号强度快速变化的小尺度衰落，具体又分为路径损耗、阴影效应、多径效应、多普勒时延等。对于工作在 500 Hz 的海面通信系统来说，电磁波以地波形式传播，由于海水的高导电性，传播路径相对优良，对信道主要考虑的因素是路径损耗，这可以参考 ITU–R（国际电信联盟无线电通信部门）的 P.368–10 号建议书《频率在 10 kHz 和 30 MHz 间的地波传播曲线》。

路径损耗是指信号在自由空间中传播时由传输距离增大而导致的强度降低。根据著名的弗里斯传输方程式（5）可得，在信号波长、发射天线增益、接收天线增益不变的情况下，接收功率与发射功率的比值与距离的平方成反比。此方程可从天线理论的角度出发推导出来：

$$\frac{P_r}{P_t}=G_tG_r\left(\frac{\lambda}{4\pi d}\right)^2 \quad (5)$$

本次的分析是建立在无线通信初期的海上船舶与岸边通信这一实例上的。海上通信，不存在建筑物、树林、复杂地形等，故阴影效应对信号衰减的影响很小。船舶上的发射机和接收机点对点通信，中间也几乎不存在多径效应的影响，所以我们可以使用国际电联无线电通信部门的 ITU–RP.525–C 和 P.368–10 号建议书对信号损耗进行计算，公式如下：

$$L_{bf} = 32.4+20\ \lg f+20\ \lg d \quad (dB) \quad (6)$$

其中 L_{bf} 为自由空间中的基本传输损耗；d 为距离，单位为千米；f 为频率，单位为 MHz。

假设船舶 A 使用上述发射信号中心频率为 520 kHz 的火花发射机，其发射天线到岸边接收天线的距离为 a（km）。船舶 B 上使用的火花发射机的谐振回路的品质因数与船舶 A 上使用的火花发射机的谐振回路的品质因数相同，但中心频率为 xMHz，其发射天线到接收天线的距离为 b（km）（其中 b > a，x > 0.52）。发出的信号波形采用公式（1）给出的结果，则我们可以对其进行傅里叶分析，得到两个信号的频谱图。我们使用中心频率的衰减（近似代表中心频率附近频率信号的衰减），则两只船舶上的火花发射机发出的信号到岸边接收天线的衰减可以由公式计算，计算结果为 A 信号的衰减为（$26.7+20\lg a$）dB，B 信号衰减为（$32.4+20\lg x+20\lg b$）dB。我们认为当岸边接收天线接收到 B 信号功率为 A 信号功率的 10 倍以上时，A 信号不会对 B 信号的接收产生干扰。我们求解方程可以得到下面的结论：当船舶 A 距离岸边 10 km，船舶 B 距离岸边 100 km，且两者使用品质因数和功率相同的火花发射机时，船舶 B 需要使用中心频带为 607 kHz 的火花发射机，与船舶 A 所使用的火花发射机中心频率约差了 100 kHz。

火花式发射机的尾声

火花式发射机在无线通信的早期阶段发挥了关键作用，它引领人们从有线通信时代步入到无线通信时代。火花式发射机是第一种能有效产生大功率无线电波的设备，使长距离无线通信成为可能。它的设计又相对简单，最简单的火花发射机仅由电源、感应线圈、电容器、火花隙、天线等基本部件组成，就可以实现无线通信的功能。这种低造价的可负担性促成了当时它们的广泛应用，大规模的应用带来的经济效益反哺了无线通信，使无线通信这一领域得到了快速的发展。

但是，火花式发射机产生的信号带宽较大，占用了大量的频谱资源，易对附近运行的其他无线通信设备的信号造成干扰。这种干扰为同时运行多个无线通信设备带来了极大的挑战，导致无线通信的整体功效受到限制。它产生的信号质量相对较差，火花放电产生的电磁波是具有显著噪声和失真的宽带信号。这种限制导致了我们不能传输语音信号，只能通过摩尔斯电码等形式来传递信息，这不匹配不断发展无线通信需求。

尽管火花发射机存在一些难以克服的缺点，但能发射连续波的电弧式发射机、能产生高频率信号的高速发电机仍相继问世。革命性质的具有放大能力的真空电子管的发明，迅速淘汰了火花式发射机。国际电信联盟禁止火花式发射机的使用，从 1932 年到今天的每一版《无线电规则》中都写道“禁止一切形式的阻尼波发射”。虽然今日的无线通信已经不再用它来发射信号，但是它的出现标志着我们步入了无线通信时代，其大规模应用更是加速了无线通信这一领域的发展。

无线电是如何变成一种业余爱好的？

刘元兴

在无线电之前，电报作为一种常见的通讯手段传入中国后曾遭到人民群众的反对。1875 年 2 月 28 日，总理各国事务衙门奕䜣等人上奏称，有人借百姓不愿为名，想要让公司撤去电线，公司不肯，于是电线被匪徒损坏……不仅如此，1890 年在湖南修建电报时，民间风气未开，民众以为是洋人设线，于是群情激愤，将杆木和通信器材焚毁殆尽，工程被迫停止。对于无线电而言，在 20 世纪初传入我国之时，面临的处境与电报相比虽有所改善，但清政府为了确保在无线电通讯上拥有自主权，制定了异常严格的使用权限。1905 年，电政大臣袁世凯上奏提出相关规定，包括任何国家的任何人，都不准在中国境内私自设立无线电报；若有不遵守的情况，将依照条例进行处罚；中国各地的海、陆军队，若有需要使用无线电报的情形，应及时告知电政大臣来办理相关事宜。

在这样的背景下，无线电在发展十余年后，成为了人民群众中间的一种流行文化，受到了一批无线电爱好者的追捧。1928 年，由国民政府军事委员交通处驻沪无线电机制造厂出版发行《无线电月报》。随后的 30 与 40 年代，越来越多面向无线电业余爱好者的期刊诞生，如《中国无线电》《实用无线电》等。面对这样有趣的史实，我们不禁发问，无线电是如何从一项监管严格的通信技术，逐渐转变为一种业余爱好的？为回答这一问题，我们首先需要追溯无线电的起源，以及它是如何先在西方成为一种业余爱好的。

Hello！ I'm 无线电！

19、20 世纪之交是一个意义非凡的时代，19 世纪下半叶人类迎来了“第二次工业革命”，发电机、电灯、电话等一系列电器被发明出来，标志着电气时代的来临。正是在这样的年代里，19 世纪 90 年代意大利发明家古列尔莫·马可尼（Guglielmo Marconi）基于对海因里希·赫兹（Heinrich Rudolf Hertz）电磁理论的研究，成功地将无线电波应用于人类通信领域。1895 年，他向几英里外的信号源发送了一条无线摩尔斯电码信息。随后，他继续深入研究这一新发明，并于1896年在英国获得了第一个无线电专利。

同一时期，各主要资本主义国家美、德、英、法、日等相继进入帝国主义阶段，"第二次工业革命"所带来的科学技术的进步，也加速着他们殖民扩张的野心。殖民扩张代表着增加自身国土面积，我们理所应当地就能想到，无线电是否会为了服务帝国主义的需求，在诞生之初便被用于侵略扩张呢？十分有趣的一点是，无线电在诞生之初并没有被完全用于殖民扩张。在20世纪20年代之前，无线电主要用于联系海上船只。在无线电发明之前，海上的船只在远洋航行时，主要通过信号器、灯光信号、声音信号、信号枪和烟火等较为传统的方式进行通讯。这些方式不仅传递的信息有限，同时也较容易受到环境、天气等因素的影响，因此无线电在诞生之初，便被主要用于海上船只的通讯。这也正如《科学美国人》（*Scientific American*）1897年1月23日为马可尼的无线电演示所写的报道一样："如果这项发明真如他所想的那样，我们的水手们就会获得一种新的感觉和新的朋友，这将使航行比现在变得更容易、更安全。"

无线电的出现很快引起了社会上的广泛讨论，一方面，如《妇女家庭杂志》（*Ladies' Home Journal*）、《洛杉矶时报》（*Los Angeles Times*）、《西部电工》（*Western Electrician*）等公开出版物认为，不仅无线电能实现远距离的通话需求，无线电话还可以像名片盒或相机一样被随身携带，甚至会变成未来每一辆汽车上的标配设施，他们对无线电的未来抱有正面乐观的期待。另一方面，物理学家开尔文勋爵（Lord Kelvin）则在1897年得知马可尼的无线电实验后表示：无线电没有未来。1907年巴里爵士（Sir John Wolfe-Barry）在西方电报公司股东大会上发表讲话：……据我判断，我并不认为任何无线电报系统会与我们的电缆形成激烈竞争。几年前我也说过同样的话，但至今没有任何事改变我的观点。他们并不看好无线电或认为无线电并不能带来颠覆性的改变。

作为现代人，我们当然可以开启上帝视角得知，无线电在之后的发展中不仅与唱衰者的看法大相径庭，甚至还超出了乐观者们的预期。而实际上无线电之所以在20世纪有如此辉煌的成就，离不开它在大众间的流行，而无线电之所以变成一种大众流行文化，得益于它所处时代盛产大发明家的特殊背景与行业结构。

科学？技术？发明家！

纵观西方科技史，我们可以做一些简单而有趣的回顾。20世纪前，西方有哪些著名的科学家？在回忆这一问题的同时，我们不妨利用ChatGPT来先做初步回答。在OpenAI的GPT-4中输入如下两个问题，并得到它们的回答：

1. 19世纪前有名的科学家有谁？

ChatGPT的回答为：尼古拉·哥白尼（Nicolaus Copernicus）、安德烈·维萨里

（Andreas Vesalius）、伽利略·伽利雷（Galileo Galilei）、约翰内斯·开普勒（Johannes Kepler）、威廉·哈维（William Harvey）、艾萨克·牛顿（Isaac Newton）、卡尔·林奈（Carl Linnaeus）、本杰明·富兰克林（Benjamin Franklin）、安托万·洛朗·德·拉瓦锡（Antoine-Laurent de Lavoisier）、詹姆斯·瓦特（James Watt）、亨利·卡文迪什（Henry Cavendish）。

2. 20 世纪前有名的科学家有谁？

ChatGPT 的回答为：阿尔伯特·爱因斯坦（Albert Einstein）、尼尔斯·玻尔（Niels Bohr）、理查德·费曼（Richard Feynman）、玛丽·居里（Marie Curie）、莱纳斯·鲍林（Linus Pauling）、艾哈迈德·泽维尔（Ahmed Zewail）、詹姆斯·沃森（James Watson）、弗朗克斯·格雷厄姆·克里克（Francis Crick）、芭芭拉·麦克林托克（Barbara McClintock）、亚历山大·弗莱明（Alexander Fleming）、埃德温·哈勃（Edwin Hubble）、艾伦·图灵（Alan Turing）。

感谢 ChatGPT 帮助我们进行了初步回顾，能够看到的是，这些名单中既包含科学家，也有众多新技术的发明者和改进者。如果我们进一步深入科学史之中，则能够发现，在 19、20 世纪之交，还有这样一群不同寻常的人：托马斯·爱迪生（Thomas Edison）、亚历山大·贝尔（Alexander Graham Bell）、尼古拉·特斯拉（Nikola Tesla）、亨利·福特（Henry Ford）等，他们身上都具备这样一个特征：既懂科学，又懂技术，还略知商业，他们是发明家！

有无线电之父美誉的马可尼，正是这一时代中的发明家之一。1874 年 4 月 25 日马可尼出生于博洛尼亚的一个贵族家庭之中。他虽然没有接受过学校中系统性的教育，但是他的父母凭借家族雄厚的资产实力给马可尼请了许多家庭教师，这让马可尼学到了很多化学、数学和物理方面的知识。17 岁时，马可尼遇到了一位重要的老师——文森佐·罗萨（Vincenzo Rosa）。罗萨是利沃诺的一名高中物理老师，他教给了马可尼一些物理现象背后的基础知识以及电学的新理论。18 岁时，马可尼结识了博洛尼亚大学（University of Bologna）的物理学家奥古斯托·里吉（Augusto Righi），里吉曾研究过赫兹的工作，并允许马可尼去大学听课，使用大学的实验室和图书馆。

马可尼所处的时代，无线电似乎已经是一项呼之欲出的技术了。一方面，无线电所需的基础理论与实验已被初步完成，詹姆斯·克拉克·麦克斯韦（James Clerk Maxwell）在电磁学上的工作为人们提供了检测电磁辐射所需的理论基础，赫兹在麦克斯韦的理论基础上进一步研究了电磁感应，并通过实验证明高频电磁波可以被产生并接收；另一方面，除马可尼以外的发明家也已经在无线电的技术研究上取得了一定突破。许多实验家也在 19 世纪 90 年代前后通过电磁感应尝试实现无线电话（wireless telephony）这项技术，如 1887 年 3 月 13 日《伯灵顿鹰眼》（*Burlington Hawk-eye*）杂志刊登了一篇转载自《辛辛那提商业公报》（*Cincinnati Commercial Gazette*）的文章，里面提到了一项由伊根（C. E. Egan）设计的无线电话系统，他声称：该仪器用于在海上船只之间或两个以上的陆地之间建立电气通信，无需电线或其他人工导体，发送站的装置与地面相连，接收站的类似装置也与地面相连，一个装置通电至正电势，另一个装置通电至负电势；这样，两个装置都会对另一个装置的电势变化做出反应……这种仪器工作的距离没有限制，它可以像电报一样工作，也可以像电话一样工作。除此之外，1894 年奥利弗·洛奇（Oliver Lodge）也发明了一种早期的无线电波探测器。

马可尼在 1894 年起开始投入到无线电的研究之中，在多次实验后，他设计出了一套由多部分组成的系统设备，包括相对简单的振荡器或产生火花的无线电发射器、悬挂于离地面较高位置的电线或金属片电容、对布兰利（Édouard Branly）原始设备改进成大大提高灵敏度和可靠性的相干接收器、用于操作发射器发送与摩尔斯电码点和线对应的短脉冲和长脉冲的电报键，以及由相干器激活、可将收到的摩尔斯电码点和线记录在一卷纸带上的电报寄存器。

在这一想法的推动下，1895 年马可尼提高了天线高度，并借鉴有线电报的技术将发射器和接收器接地后，以实现更大的传输范围。通过这些改进，马可尼设计的无线电系统不仅实现了远距离传输（约 3.2 千米），还能不受阻拦物的影响翻越山丘。毫不夸张地讲，马可尼的这一创举不仅是技术发展中的一大步，还埋藏着无比巨大的商业价值。不过遗憾的是，即便马可尼看到了无线电的这些潜力，但意大利当局却没有应用其技术。正因如此，1896 年，马可尼动身前往英国——那个孕育了法拉第、麦克斯韦、洛奇等电磁学领域关键人物的故乡。

欢迎来到无夜之城！

维多利亚时代晚期是英帝国的巅峰，此时英帝国经过一系列的殖民运动，疆域辽阔，被称为“日不落帝国”。马可尼是幸运的，一方面，他得到了氏族朋友美国驻博洛尼亚领事馆名誉领事卡洛·加迪尼（Carlo Gardini）的帮助，后者向英国官方推荐了马可尼。另一方面，在他的原生家庭中，父亲不仅在一开始就支持马可尼研究无线电，他的母亲也在 1896 年放下手头的事，陪同马可尼来到英国，协助他完成发展无线电的梦想。总之，1896 年初马可尼来到英国后，于 6 月 2 日便申请了专利，专利号为 12039，标题为“传输电脉冲和信号及其设备的改进”（“Improvements in Transmitting Electrical impulses and Signals, and in Apparatus therefor”），马可尼的这一专利成为第一个基于无线电波的通信系统专利。

自 1896 年起，通过向邮政总局、海军和陆军等政府官员和大众不断展现自己无线电长距离传输的“魔力”，马可尼很快便于 1897 年在英国建立起无线电报和信号公司（Wireless Telegraph and Signal Company），这也是世界上首个无线电公司。马可尼的公司通过在海上船只间的通讯演示很快获得了商业上的认可。1897 年 11 月，马可尼和助理乔治·斯蒂芬·肯普（George Stephen Kemp）在怀特岛的尼德尔斯（Needles）搭起了一根结实的桅杆，高 120 英尺（约合 37 米），并用绝缘系带从顶部支撑起一根电线。然后，他们把电线的下端和一个发报机连在一起，乘着一艘拖船出海，船上还携带着一个接收仪器——连接在一根高 60 英尺（约 18 米）的桅杆所架设的电线上。他们的目的是看看在离尼德尔斯多远的地方能收到信号。几个月来，他们顶着狂风暴雨坚持着这项工作，随着仪器细节的改进，他们能延伸的距离越来越远，直到新年的时候，他们终于能够清晰地接收到大陆的信号。1898 年，马可尼的公司获得了英国光船服务局（the English lightship service）的批准，在多佛南部的灯塔和约 12 英里外东古德温的光船之间建立无线通信，并成功通报了多次危险信号。

马可尼虽然在改进无线电设备上取得了一次又一次成功，但并不意味着无线电报和信号公司的运营，以及他所研发的整套无线电系统，仅靠他一个人的发明工作就能全部实现。其中有一则非常有趣的小故事：马可尼的无线电系统必须使用特斯拉振荡器来增强其信号，才能传输到英吉利海峡。根据一些历史记录，为特斯拉工作的工程师庞德（Otis Pond）曾说过："看起来马可尼抢先了你。"（1900 年特斯拉获得了美国第一项无线电相关设备专利。）据说特斯拉回答说："马可尼是个好小伙。让他继续吧。他正在使用我的 17 项专利。"

马可尼在无线电领域的成就，也吸引了其他国家的关注。1899 年应《纽约先驱报》（*New York Herald*）的邀请，马可尼来到了美国演示他的无线电设备，以及报道美洲杯国际帆船比赛。马可尼在 SS 庞塞号（SS Ponce）上安装了设备，并在演示的第一天传输了大约 2500 个单词，平均速度约为每分钟 15 个单词。自此，马可尼也逐渐将其无线电业务扩展至美国。

20 世纪来临之时，马可尼将"无线电报和信号公司"更名为"马可尼无线电公司"（Marconi's Wireless Telegraph Company），并开启了一系列横跨大西洋的无线电传输。自此，马可尼开启了属于无线电的商业帝国。

什么？您收到了电子福音？

马可尼的一系列工作虽然为无线电的发展奠定了坚实的基础，但应用范围目前只局限于航海（大陆间虽然也有，但在 20 世纪初期基本不具备商业价值），还不足以让它成为一种大众流行文化。一方面，毫无疑问，马可尼及其公司推进了无线电的商业化进程，并于 1899 年在美国开设了全球范围内第一家分公司——美国马可尼无线电公司（Marconi Wireless and Telegraph Company of America）；另一方面，马可尼早期在欧洲的实验结果激发了美国工程师的兴趣和想象力，因此，在 1901~1914 年期间，一大批美国工程师与发明家获得了大量涉及改进无线电传输和接收方法的专利。对于美国而言，关于无线电最重要的进展之一，便是将曾经只能传递摩尔斯电码的设备，以一种几乎革命的方式将其改进至传递声音。

雷金纳德·费森登（Reginald Fessenden）在得知马可尼的工作后，也在对无线电设备进行广泛的研究。但不同于马可尼等人，费森登从一开始便对火花放电和阻尼波十分不满，根据他对自己工作的回忆：一种全新的无线电报方法被开发出来，其特点是回归第一原理，放弃了以前使用的方法，并在几乎所有方面引入了与之完全相反的方法。而费森登所指的这种颠覆性想法，正是连续波的发射和接收。基于这一想法，1906年的平安夜，他使用亚历山大交流发电机和旋转火花隙发射机制作的无线电设备发射并接收了音频信号，向停泊于布兰特岩站、载有费森登设备的美国海军船只和联合果品公司的船只发送广播。据费森登妻子海伦·特洛特为他撰写的传记记载，平安夜当天的节目安排首先是，费森登发表了一段简短讲话，向大家说明即将进行的事项。随后，留声机响起了亨德尔的《广板》音乐。接着，费森登演奏了小提琴独奏曲《哦，圣善夜》，结尾是“崇敬且静穆”这句话。费森登除了拉小提琴，还演唱了其中一段歌词，不过他自认为演唱得并不出色。再之后是诵读一段《圣经》经文：“在至高之处荣耀归于上帝，在地上平安归于善良的人们……”。最后，他们向大家送上了圣诞祝福，并宣布计划在新年前夜再次进行广播。

这正是历史上的第一次广播，在小提琴优美的旋律和不怎么动听的歌声中，以《圣经》的内容与祝福，向听众们传播了电子福音。

无独有偶，费森登并非唯一在美国尝试将声音通过无线电传输出去的发明家，李·德·福雷斯特（Lee de Forest）几乎在同一时间也在进行相同的研究。与费森登从一开始便具有革命性想法不同，德·福雷斯特是在1904年看到瓦蒂玛·波尔森（Valdemar Poulsen）发明的可以发射连续波的电弧发射机后，便也想到了通过传递连续波来传输声音。面对波尔森已经为自己的发明申请专利这一局面，德·福雷斯特发明了一种类似的设备，这便是之后在收音机中被广泛使用的真空三极管。

非常有趣的一点是，德·福雷斯特是在1906年12月31日开始对自己的发明进行实验，这仅比费森登的首次演示晚了一周而已。他本人正式的公开演示无线电传声，则是在1907年7月18日。在费森登成功实现无线电传递声音后，媒体迅速陷入对无线电话发展的盲目乐观之中。而彼时，费森登似乎也在为自己发明的真空三极管接收器进行宣传预热。1907年6月，在富兰克林研究所杂志上，他发表了一篇极具讽刺意味的简评《无线电报新进展》（Recent Developments in Wireless Telegraphy）。文中，他以夸张戏谑的笔调描述这款接收器，称其为“可以想象到的最简单、成本最低的接收器”，还调侃这将引领人们走向大众媒体所鼓吹的“乌托邦世界”。他幽默又尖锐地描绘：“到那时，每个人都会西装口袋揣着应答器，头戴电话，手持钢杆伞，鞋底还得装上铅板，与同样装备的人进行通话。” 这番言论，既展现出对当时媒体盲目乐观态度的嘲讽，也暗含对自身发明的另类宣传。

无论是只能传递摩尔斯电码的无线电，还是传播声音的无线电，它们的魅力已然开始悄悄地传播至了非职业人员，他们开始逐渐成为一类稳定的小众群体，名为“业余无线电爱好者”。

无线电岂是池中物？

“业余无线电爱好者”究竟是何时从大众中出现，而谁又是第一位业余无线电爱好者，这一问题或许是很难追溯的，因为似乎自 19 世纪末马可尼发明无线电起，就已经存在着一些零星的业余无线电爱好者了。根据相关记载可大致推断，“无线电爱好者”于 1910 年左右以明确的身份成立团体组织，登上历史舞台。伴随着无线电在民间的流行，无线电不再是官方专用的信息传输工具，而被解放至大众的日常生活之中。

1908 年，哥伦比亚大学的学生群体之间成立了“无线电俱乐部”。在成立之初即便有反对的声音，但学校还是批准了学生们的这一行为，并允许他们在学校中搭建长 300 英尺（约合 91 米），高 100 英尺（约合 30 米）的电线，其中学校老师也赞许了学生的这一行为并推进开设无线电课程。哥伦比亚大学的“无线电俱乐部”很有可能是历史上有记载的第一个业余无线电爱好者俱乐部，并被保留至今，即现在的哥伦比亚大学业余无线电俱乐部。

在 1913 年的美国，已有 322 名持有执照的业余无线电操作员，而在 1917 年，这个数字猛增至 13581 名，制造无线电接收机也已经成为了一种时尚。其中十分有趣的一点是，起初无线电爱好者们只能使用短波来进行信号的收发，而长波则是官方在使用，那个时代似乎是认为短波传输距离更短，而长波更长，这与我们现在的认知恰恰是相反的。

1915 年，美国马可尼无线电公司成立了国家业余无线电协会（National Amateur Wireless Association，简称 NAWA），旨在帮助有志青年在无线电或他所选择的方向有所建树。这一协会成立之时在《无线电时代》（*The Wireless Age*）上发布了相关公告，其中有两点值得我们注意：

第一点，1915 年正处于一战时期，因此该公告使用了大量篇幅介绍无线电对战争的重要价值，以及业余无线电爱好者在战争中能够起到至关重要的作用。

第二点，在这份公告中我们也可以看到，100 多年前的无线电爱好者在加入国家业余无线电协会后可以得到些什么：1. 一本名为《如何组织一个无线电俱乐部》（*How to Conduct a Radio Club*）的书，该书详尽地讨论了议会程序、发送和接收设备的构建、便携式设备、室内外实验，以及如何使用铁丝网围栏、雨水槽和桥梁栏杆作为天线、通过风筝天线进行远距离接收、构建一个 500 英里（约合 8000 公里）接收装置等内容；2. 一本包含全球所有无线电台、船舶和岸上电台的呼号完整列表的书；3. 一本名为《如何通过美国政府无线执照考试》（*How to Pass U. S. Government Wireless License Examinations*）的书，包含了海军考官提出的 118 个实际问题的答案，全面覆盖了作为持证操作员所需的知识；4. 特许会员还将获得由全国业余无线协会官方机构出版的《无线电时代》的年度订阅；5. 一个帅气的钢雕会员证书。

正如文章开头所提，每个国家都不希望通信业掌握在别国手里。因此，一战结束后，美国政府向马可尼的美国公司施压，势在将其完全本土化。在这样的背景下，1919 年通用电气公司（General Electric）收购了美国马可尼无线电公司，在此基础上进一步成立了美国无线电公司（Radio orporation of America，简称 RCA）。20 世纪 20 年代大型企业主导了无线电市场，老百姓可以很轻松地购买到很多不同款式的矿石收音机。伴随着收音机这一信息传播媒介的日益成熟，电台的数量也在迅速成长。仅 1921~1923 年的 3 年间，美国广播电台的数量从 5 个激增至 556 个，1923 年收音机的销售额也达到了 136 万美元（是前一年的 226.7%），到 1934 年为止，已有 60% 的家庭拥有收音机。

自 1896 年马可尼在英国申请第一个专利起，仅过了约 30 年的时间，无线电就摇身一变，从拯救苍生的船只专用通讯设备变成了一种时尚的流行文化，还得到了一批业余无线电爱好者的青睐。而这股无线电的热潮，在 20 世纪 20 年代，也已然吹到了遥远的东方。

有礼了，在下无线电！

1912 年，清政府灭亡，闭关锁国带来了科学技术上的落后，无线电这项在西方新兴的科学技术毫无疑问也没能在中国本土得到很好的发展。这一时期无线电的通讯无论从设备制造还是实际控制权，都掌握在外国人手里。而无线电的本土化发展与业余爱好者群体的形成，离不开当时有眼界、有学识的归国留学生。

1919 年，时年 21 岁的朱其清因成绩优异获得了交通部公费出国的机会，他先在斯坦福大学获得了无线电学方向的博士学位，随后在英国马可尼公司实习，并于 1922 年回国，积极投身于无线电事业的建设。

1924 年 7 月，加入了“中国科学社”的朱其清在参加南京举办的科学社会议时，使用自己与王小徐制造的中国首台无线电话机实现了与上海间的通话，方子卫在上海用无线电话向南京中国科学社做题为《无线电的趋势与用途》的演讲。有趣的是，在一年后 1925 年的第 7 期上海《科学》杂志中，似乎是为了纪念这首台中国人自己制造的无线电话机，特设了无线电学专号，其中朱其清撰写了《编辑引言》和《无线电界之大障碍》一文。

在这台无线电话机成功后，朱其清对我国的无线电事业也展开了更深入的全局计划。1925 年他发表了《无线电之新事业》一文，介绍了无线电与广播在世界范围内的发展境况。在对无线电发展报以乐观态度的同时，也指出了无线电易被扰乱的缺点。在对无线电的未来做出展望后，更重要的一点是朱其清准确地分析了广播无线电事业在我国发展缓慢的状况及其原因，并给出了具体的解决方案，其前期计划为先行设计制造一极小电力之无线电发话机，成功后，分赴各地演讲以引起人众兴趣。因可销售此项机件，如有所得，即进行制造精良之接收机。苟成效而著，然后进行无线电定向仪；如定向仪结果而准确，将有大助于吾国航业界。是时所获较丰，即可从事于大规模之制造，建新事业之基础。

朱其清深知只有将无线电国产化，才能将无线电的主动权把握在中国人自己手中。正如上面所计划的，1927 年朱其清与留英学者陶胜伯和南洋公学教授张廷金等人集资创办了三极锐电公司，该公司为我国最早期的无线电公司之一。如上海电机制造厂，大华无线电公司（曹仲渊开设）以及陶胜伯开设的中华无线电研究社制造厂均是国内最早期从事生产无线电收发报机的单位，产品多为海岸电台和海上船舶服务。

与此同时，得益于自 20 世纪 20 年代起，朱其清、方子卫、郑方珩、恽震、彦传、付德同等老一辈的无线电先驱们的撰文科普，业余无线电爱好者也在国内逐渐形成小群体。正因如此，国外也逐渐看到了中国业余无线电爱好者的发展潜力，1929 年由在华的外国业余无线电爱好者成立了中国最早的业余无线电组织——“中国国际业余无线电协会”（The International Amateur Radio Association of China，简称 IARAC）。他们虽然在将业余无线电活动介绍到中国方面起到一定积极作用，但却无视我国主权，自定 AC（Asia China 的意思）呼号冠字、擅划中国业余分区。他们在无线电界的霸道行为，引起国人的愤慨。正是在这样的背景下，由方子卫带头建立了我国第一个由中国人创办的业余无线电组织——中国业余无线电社（China Amateur Radio Union）。中国业余无线电社在 1932 年正式成立，推动了我国业余无线电爱好者团体的发展，并为接下来的中华业余无线电社（China Radio Club）、中国业余无线电协会（Chinese Amateur Radio League）等由无线电业余爱好者组成的团体提供了纲领性的先锋带头作用，也为业余无线电被政府机构所接受起到了铺垫性的作用。

与此同时，从这一时期的期刊杂志的广告中我们也能看到，此时中国的无线电爱好者能够直接买到的无线电设备还是以西方生产的产品为主，如美国无线电公司（RCA）、美国维斯敦公司（Weston）、德国德律风根公司（Telefunken）、利达公司（Leede Electrical Laboratory）、美国西屋电气公司（Westinghouse Electric Corporation）等。绝大部分公司在 20 世纪 20 年代所产的无线电设备都可以在本次无线电展中看到。

结　语

1979 年特雷弗·霍恩（Trevor Horn）、杰夫·唐斯（Geoff Downes）和布鲁斯·伍利（Bruce Woolley）写下了一首著名的歌曲《电视扼杀了广播明星》（*Video Killed the Radio Star*），广播在电视的冲击下似乎即将走向灭亡。但他们过于悲观了，时至今日，无线电依旧是一个令无数爱好者们为之沉迷的业余爱好，它不仅让人们对即将收听到的未知消息而感到兴奋，也激发着人们对电子技术不断探索的好奇心。

“.--/./.-../-.-./---/--/./-/---/-/..././.../..../---/.--”（摩尔斯电码意为：欢迎来观展！）

参考文献

1. 中国科学院近代史研究所史料编辑室，中央档案馆明清档案部编辑组. 洋务运动[M]. 上海：上海人民出版社，1961.

2. 姚志峰，刘雪屏. 清末中国早期现代化的探索：以银行业和电信业为视角[M]. 北京：中国言实出版社，2020.

3. 朱寿朋. 光绪朝东华录[M]. 北京：中华书局，1958.

4. 人民教育出版社历史室. 世界近代现代史[M]. 北京：人民教育出版社，2000.

5. Telegraphy Without Wires[J]. *Scientific American*, 1897.Volume: 76, Issue 4.

6. Janna Quitney Anderson. *Imagining the Internet: Personalities, Predictions, Perspectives*[M]. Maryland: Rowman & Littlefield Publishers, 2005.

7. Marc Raboy. *Marconi: The Man Who Networked the World*[M]. New York: Oxford University Press, 2016.

8. Fabrizio Bònoli, Giorgio Dragoni. Guglielmo Marconi[EB/OL].（2016）[2025-04-07]. https://www.scienzagiovane.unibo.it/English/scientists/marconi-1.html.

9. An Instrument Promising to Revolutionize the Telegraph System[N].*Hawk-eye*, March 13, 1887.

10. Marconi. Wireless Telegraphic Communication[J]. *Nobel Lecture*, 1967.

11. Marconi-Marconi History[EB/OL]. [2025-04-07]. http://www.seas.columbia.edu/marconi/history.html.

12. Moffett. Marconi's Wireless Telegraph[J]. *Cleveland: McClure's Magazine*, June 1899.

13. Janna Quitney Anderson. *Imagining the Internet: Personalities, Predictions, Perspectives* [M]. Maryland: Rowman & Littlefield Publishers, 2005.

14. Helgesen, Henry N. Wireless Goes to Sea: Marconi's Radio and SS Ponce[J].*Sea History*, 2008.

15. Leaders of the Radio Industry. *The radio industry: the story of its development*[M]. New York: Arno Press, 1928.

16. R. A. Fessenden. Wireless telephony[J]. *Proceedings of the American Institute of Electrical Engineers*, Volume: 27, Issue: 7, July 1908.

17. Hugh G.J. Aitken. *The Continuous Wave: Technology and American Radio, 1900-1932*[M]. New Jersey: Princeton University Press, 1985.

18. Helen M. Fessenden. *Reginald Fessenden: Builder of Tomorrow*[M]//New York: Coward-McCann, 1940.

19. Lee de Forest. Recent developments in wireless telegraphy[J].*Journal of the Franklin Institute*, 1907, Volume: 163.

20. Wireless Club at Columbia[N]. *The Sun,* November 25, 1908.

21. History of amateur radio[EB/OL]. Wikipedia. (2025)[2025-04-07]. https://en.wikipedia.org/wiki/History_of_amateur_radio.

22. Carole Scott. History of the Radio Industry in the United States to 1940[J].*EH.Net Encyclopedia*, March 26, 2008.

23. The National Amateur Wireless Association[J]. *The Wireless Age*, Volume: 3, Issue: 1, November 1915.

24. Scott, Carole. History of the Radio Industry in the United States to 1940[J]. *EH.Net Encyclopedia*, March 26, 2008.

25. 朱湘. 穿越百年认识朱其清和中国无线电事业的发展（上）[J]. 现代通信，2013（5）.

26. 朱其清. 无线电之新事业[J]. 东方杂志，1925（6）.

27. 王传善. 记我国无线电事业的先驱者朱其清[J]. 中国无线电，2013（5）.

28. 童效勇， 陈方. 业余无线电通信（第五版）[M]. 北京：人民邮电出版社，2021.

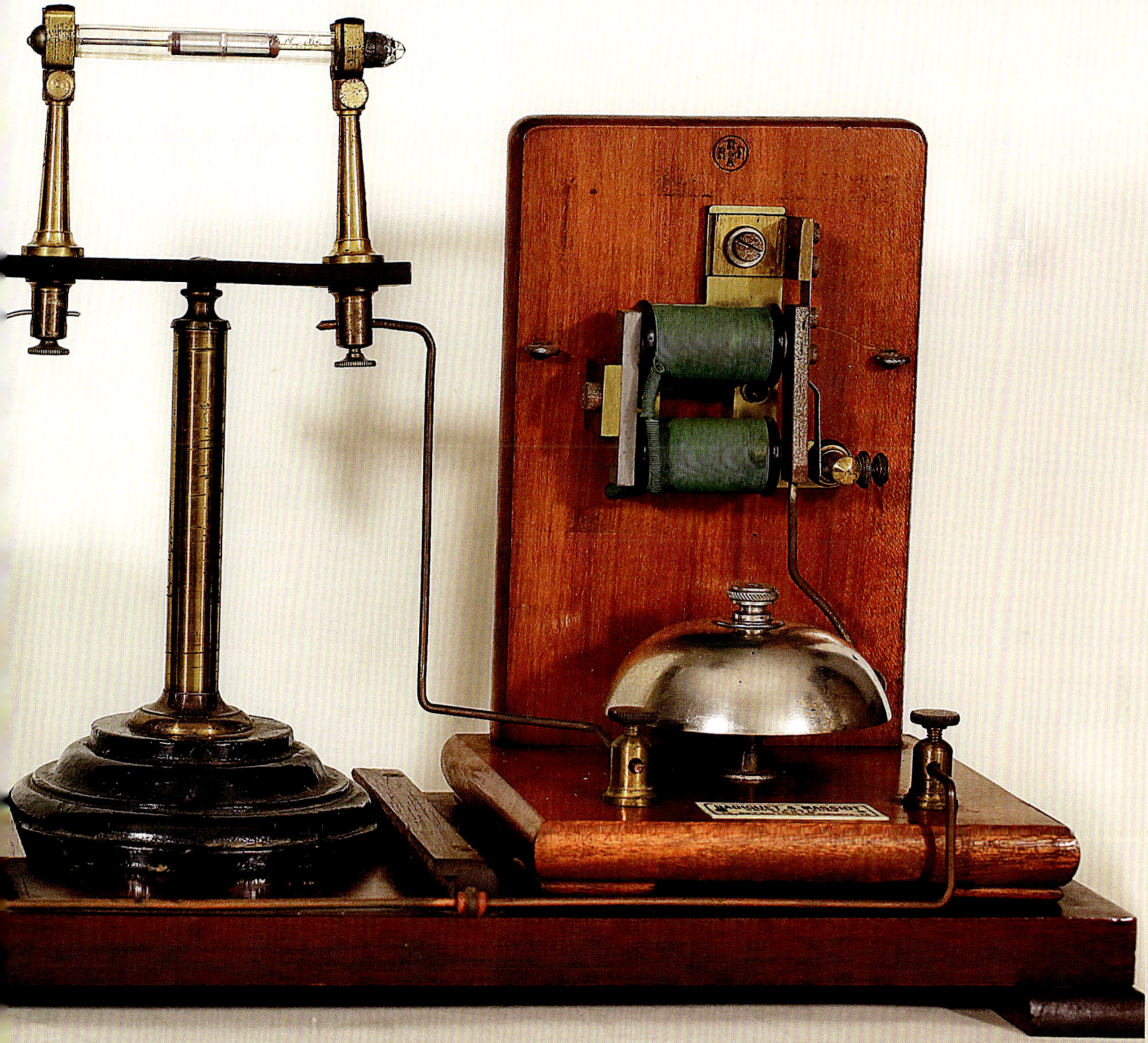

一

抓住那束看不见的光

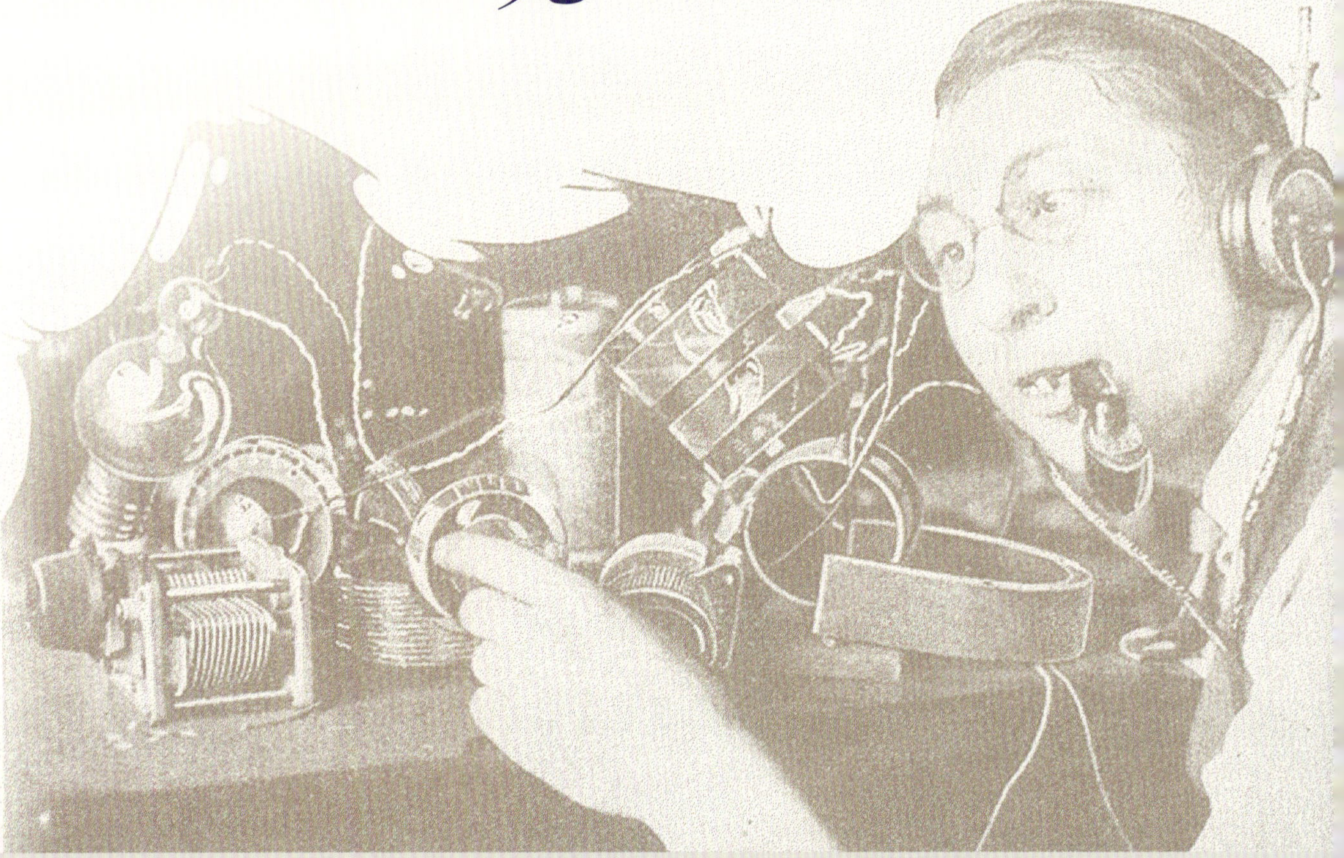

麦克斯韦在《电磁场的动力学理论》中揭示了电磁波的速度与光速相同，从而推断光是一种电磁波，赫兹用实验验证了这一推论。赫兹实验启发人们想到，可以借助电磁波向远方传递信息，于是各种发送、接收电磁波的装置被陆续发明出来，这就是最初的无线电，对这些穿梭在空中的电磁波，也不妨称之为“看不见的光”。

图 1.1　布冉利式金属末检波器，欧洲，19 世纪 90 年代，长 15（单位：厘米，下同）

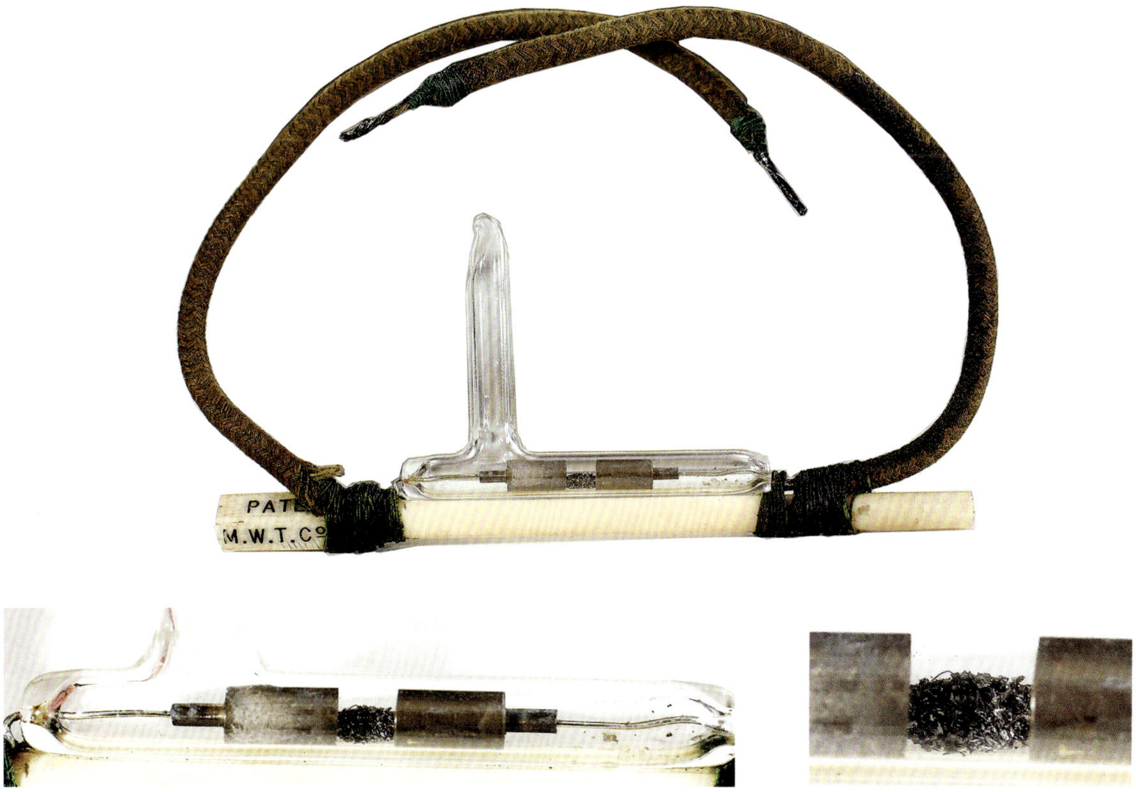

图 1.2　马可尼式金属末检波器，马可尼公司，英国，20 世纪初，10.5×6.5

马可尼在法国的爱德华·布冉利的检波器基础上，采用 95% 镍和 5% 银金属末，再抽真空，使其更加灵敏和稳定。

1890 年，布冉利重复赫兹实验时发现，在高压脉冲激发出电火花时，附近的一撮铁屑变得紧凑，其电阻也明显降低，原本松散而难以导电的铁屑能导电了。受此启发，布冉利将细铁屑（一说为铜屑）装进玻璃管，两头接上导线，这样就发明了金属末检波器。这种检波器比赫兹的装置更灵敏，在 140 米内都能检测到电磁波。

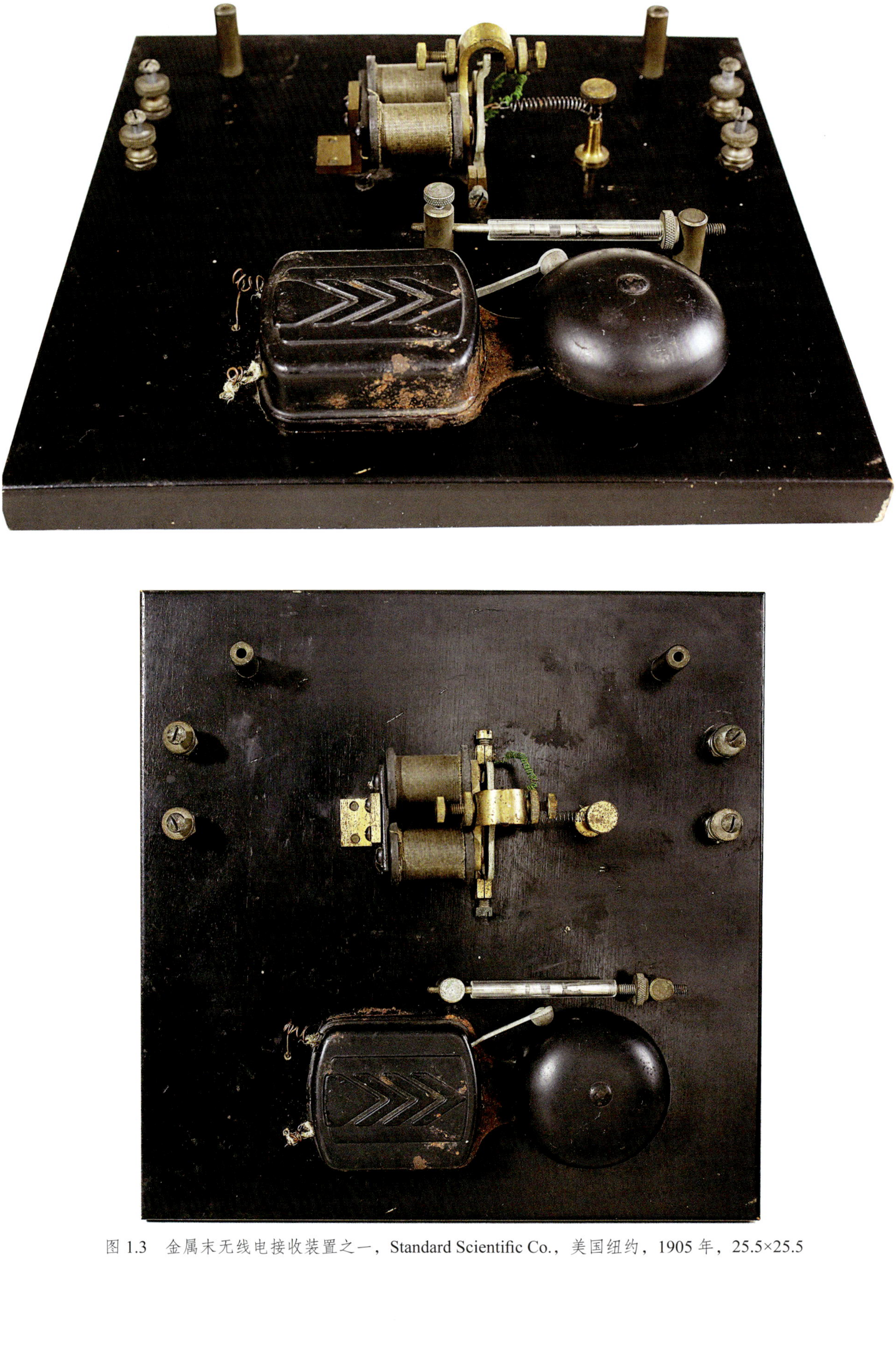

图 1.3　金属末无线电接收装置之一，Standard Scientific Co.，美国纽约，1905 年，25.5×25.5

图 1.4 金属末无线电接收装置之二，L.E. Knott Apparatus Company，美国波士顿，1912 年，15×9.5×5

与布冉利、马可尼同时期，还有不少人在研究电磁波，比如英国人奥利弗・洛奇。他在布冉利式检波器基础上加装一套继电器和电铃机构，使得通电后有小槌可先自动敲击电铃提示收到信号，再敲击玻璃管使铁屑恢复松散，回路即断电，做好再次接收信号的准备。如果连续收到信号，铁屑将保持聚合。

图 1.5　针形火花隙，欧洲，20 世纪初，10×3.5×2.5

图 1.6　柱形火花隙，欧洲，20 世纪初，19×10×7

玻璃罩可能是为了降低火花带来的噪音。

图 1.7 球形火花隙，欧洲，20 世纪初，23×10.2×7

图 1.8 带散热片的火花隙，Mcintosh Electric Co.,Inc.，美国芝加哥，20 世纪初，17.5×9×6.5

火花隙的主体是两个导电电极，电极之间隔开一点间隙，当电极之间的电位差超过间隙处气体的击穿电压时，就会形成火花，使气体电离并大幅降低其电阻。火花隙就像一个开关，可以快速打开或关闭，快速放电产生的电磁波可以远距离传输，从而实现通信。棒式和针式火花隙是最早使用的火花隙形制，其提供的电离电阻最小，因此能以最低的电流和电压激发火花。

图 1.9　旋转式火花隙，Chicago Electric M’F’G Co.，美国芝加哥，1920 年之前，19.5×15×15.5

旋转式火花隙由多个电极组成，这些电极均匀分布在由电动机带动高速旋转的圆盘转子周围。当它们经过固定电极时会产生火花，火花频率等于每秒旋转周数乘以转轮上的火花电极数量。通过使用正确的电机转速，快速离合的电极可在能量传递到次级后即熄灭火花，还有利于电极保持较低的温度，从而减缓氧化速度，这对大功率发射机来说非常重要。不过，它的辐射范围较广，当附近有多个电台运行时，更容易造成干扰。

图 1.10　G2 型 500W 猝熄火花隙，American Radio and Research Corporation，美国，20 世纪 10~20 年代，30.5×12.5×19

猝熄火花隙由一叠金属盘电极组成，中间用薄薄的云母垫圈隔开，在其表面之间形成多个微小的火花隙。金属盘通常被扩展成一个散热片，使用时通过气流冷却。转动一侧的螺丝手柄可调整间隙宽度。猝熄火花隙的作用是通过熄灭几乎瞬间产生的电火花来加快信号的传输速度。

图 1.11　1/2 英寸“斗牛犬”火花发生器，The Eleetro Importing Company（E.I..Co.）.，美国纽约，1912 年，18×12×15

图 1.12　火花发生器之二，美国，20 世纪 20 年代，15×9×6

图 1.13 火花发生器之三，Manhattan Electrical Supply Co., Inc.，美国纽约，19 世纪 90 年代，27×13×14

图 1.14 火花发生器之四，欧洲，1900 年前后，22×10×10.5

图 1.15　火花发生器之五，马可尼公司，1910 年前后，27.5×14×25

自 19 世纪法拉第和亨利发现电磁感应后，感应线圈成为一种常见的电路元件，火花发生器中就用到它。火花发生器是变压器的前身，其主要功能是将电源的低压电流转换为高压输出，以激发出电火花，英文中一般称为“spark coil”。

图 1.16　无线电报接收机，Radiguet & Massiot，法国巴黎，1910 年前后，37.5×16×24

左边为伏打电堆，中间为金属末检波器，右边为电铃。仅缺一个组件即可实现完整的电报接收功能。

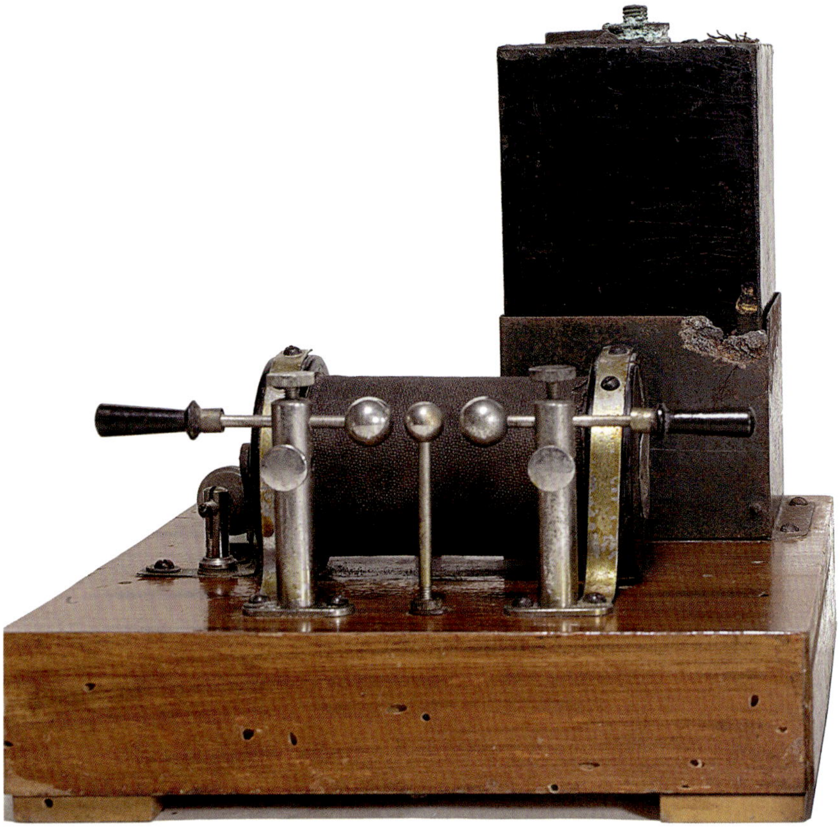

图 1.17　无线电报收发机，Gebrüder Bing，德国，1906 年前后，17×15.5×16（左），20×26×18（右）

Gebrüder Bing 为知名玩具公司，此套设备当时可能作为玩具或教具使用，清晰、完整展示电报收发原理。马可尼公司早期的电报收发装置就应用了这一架构。

RADIOLA I
MODEL ER-753A
This receiver is complete in itself and will receive radio signals when connected to a suitable antenna. No accessories other than the antenna are needed. Necessary antenna material can be obtained from dealers in radio supplies. ASK FOR G E ANTENNA EQUIPMENT.
MANUFACTURED BY
General Electric Company, U.S.A. for
Radio Corporation of America

10 9 8 7 6 5 4 3 2 1 0
DETECTOR
Federal Jr.

二

听，石头在唱歌

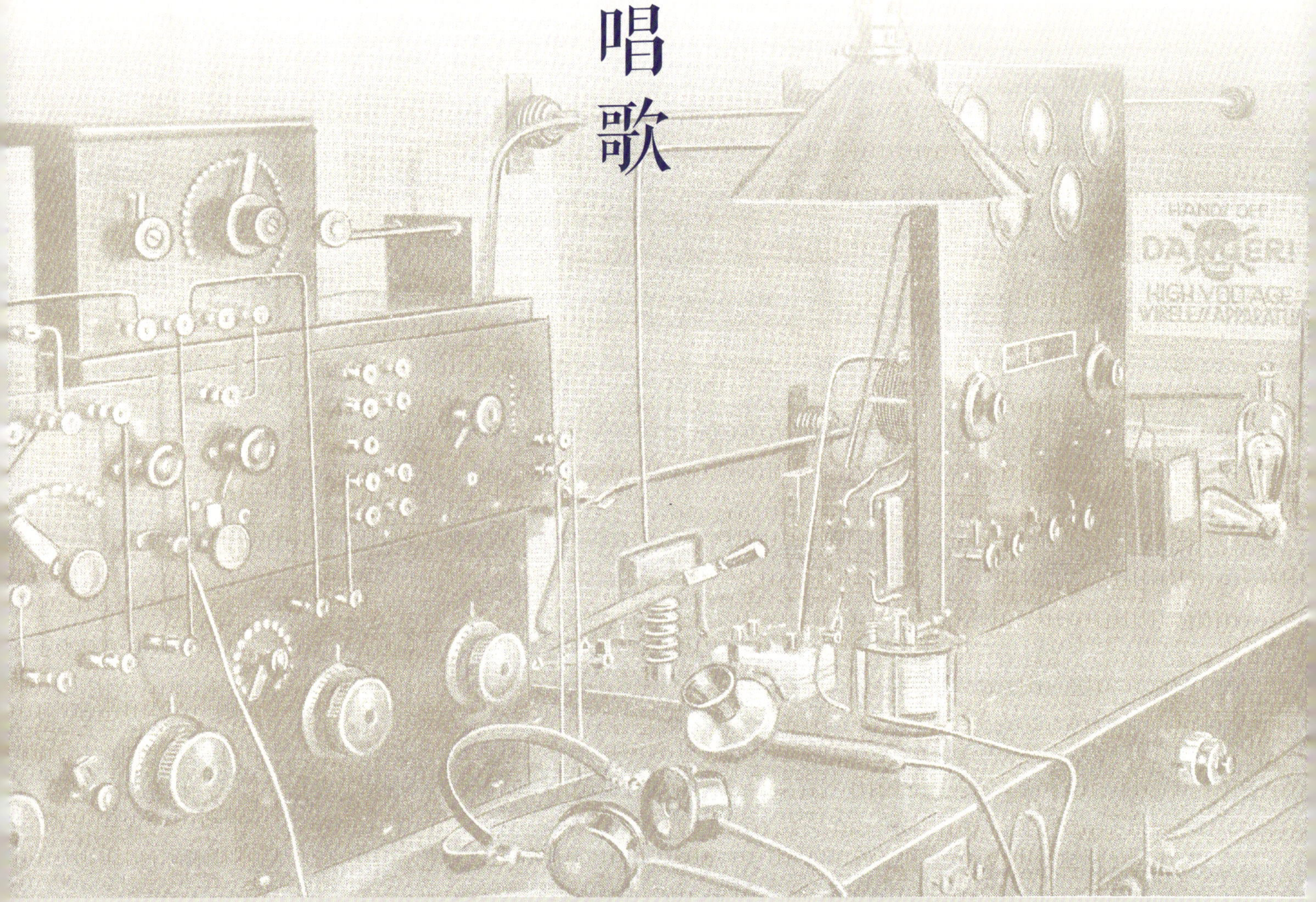

火花隙和金属末检波器革新了远距离通讯的方式，但信号的稳定性、清晰度都还不尽如人意。直到人们在无线电装置中使用调谐电路，并利用特定种类的矿石检测电磁波，无线电才开始成为一种更可靠的通讯技术，由此开拓出一片市场，被更多的人所认识，并吸引很多极客为之痴迷。

图 2.1　R 型火花隙变压器，Thordarson Electric Mfg. Co.，美国芝加哥，1917 年前后，24.5×14×28

额定功率 500 W 的变压器，在 1917 年售价约 21 美元，后来美国海军就严禁业余爱好者再用此类设备，直到一战结束后的 1919 年。

图 2.2　发射调谐线圈，WM. J. Murdock Co.，美国马萨诸塞州，1915 年前后，20×26×20

图 2.3　调谐线圈之一，20 世纪早期，18.5×14×20

图 2.4　调谐线圈之二，20 世纪 10 年代，28×12.5×13

线圈之上安装有与铜杆连接的滑块。通过改变滑块位置来增减通电线圈圈数，使磁场发生改变，从而改变电感以达到调谐作用。

图 2.5 调谐线圈之三，New York Coil Co.，美国纽约，1921 年，15×18×14

可安装于面板或桌面使用，时价 8 美元。

图 2.6　调谐线圈之四，De Forest Radio Tel. & Tel. Co.，美国纽约，1920 年，24×23×14

该 LC–101 型于 1920 年面世，时价 12 美元。

图 2.7　调谐线圈之五，Carter Mfg. Co.，美国克利夫兰，1902 年，11.5×8×10.5

该CARCO 1型调谐波长范围175~600米，时价3.5美元。1831年，法拉第发现了电磁感应现象，揭示了电与磁之间的深刻联系，也为之后的电磁学发展和相关科学仪器的发明创造提供了理论基础。调谐线圈正是利用了电磁感应的无线电装置，大多由两个线圈组成，一大一小，绕有纯铜导线。较小的线圈安装在可转动的轴上，转动幅度多为90或180度，并悬挂在较大的线圈内，这两个线圈串联在一起，通过转动小线圈改变二者的电感，从而对电路调谐。此处展示的调谐线圈形制各异，但万变不离其宗。

图 2.8　无线电接收调谐器，The Radio Apparatus Co.，美国波茨敦，1915 年左右，47×19×17

由于海上环境通常更复杂恶劣，此设备系军用，在材料的选择和制造上需要更注重其耐用性、可调谐范围和对高频噪声的抑制性能等。此设备外接矿石后即可用来接收信号。

图 2.9　德律风根 E4 接收机的复原品，德国，20 世纪，26×16×41

这是德律风根公司（Telefunken）约 1904 年生产的 E4 型矿石接收机的复原品。在还原原件结构的基础上，大部分零件均来自其他老旧接收机，可能是一位技艺精湛的业余无线电爱好者装配的。德律风根是一家德国电子制造公司，成立于 20 世纪初，最初由西门子公司和通用电器公司共同创立，以其在无线电和通信技术方面的贡献而闻名，在德国早期无线电设备领域首屈一指。

图 2.10　业余无线电台用矿石接收机，法国，1913~1920 年，60×45×16

这台矿石接收机配有调谐线圈、可变电容器、避雷器和带铜盖的检波器。图中照片为收藏者当年使用时的影像。

图 2.11　无线电火花发报机，American Radio And Research Corporation，美国，1917 年，57.5×25×33

此发报机使用 AMRAD C 型火花线圈和 AMRAD2834 收发开关，发射器状况良好，有一个闸刀开关，一个电键用于发送摩尔斯电码，并配有电流表。

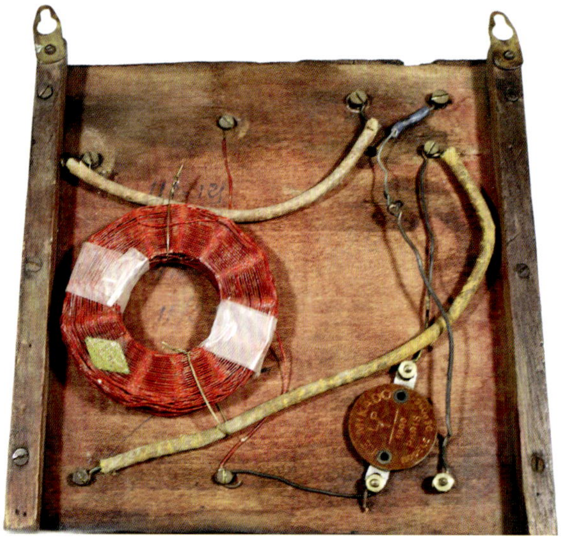

图 2.12 电解检波接收机，Hollier，法国巴黎，1900~1915 年，26×18×8

这是一款通过电解质溶液检波的接收机，当时可能用于接收从埃菲尔铁塔发射出的报时信号。电解检波是 20 世纪早期人们尝试接收无线电信号的另一种路径，可以接收调幅（AM）信号，费森登、德·弗雷斯特都被认为是发明这种方法的代表人物。在该装置中，电磁信号通过装有电解质溶液的玻璃容器，引起电解反应，导致阳极（通常是极细的铂丝）极化，电流随之变化，通过耳机转化为可听的音频信号。电子管面世后，这类产品逐渐退出市场。

图 2.13　带有矿石和电解检波器的便携式接收机，G. Péricaud，法国巴黎，1914~1916 年，28×24×19

此设备当时可以用于接收报时信号、天气预报，以及欧洲主要电台的信号。G. Péricaud 是 1930 年之前法国最大的无线电制造商之一。公司成立于 1900 年，最初生产用于演示用途的电气科学仪器和用于无线电报的金属末检波器。之后，他们制造了电解检测器，并在 1910 年以后生产矿石收音机。

SHORT WAVE
MARK III
№4634
1918
C.C.I.
A.T.I.
COUPLING
VALVE
TUNE
CARBORUNDUM
VALVE PERIKON
C.C.C.
A.T.C.

SHORT WAVE TUNER, MARK III.
100-700 METRES
EARTH
AERIAL
CLOSED CIRCUIT INDUCTANCE
AERIAL CIRCUIT INDUCTANCE
VALVE
BUZZER TESTER
PERIKON DETECTOR
Oscillating Circuits.
Buzzer Testing
Detecting Circuits.

图 2.14　军用 Mark Ⅲ型短波（中波）调谐器，A.T.M. (Automatic Telegraph Manufacturing) Co. Ltd.，英国，1918 年 38×43×43

此机说明书上标注“SHORT WAVE”字样，但波长是 100—700 米（频段 429kHz-3MHz），与现在通行的短波概念不同，属于中波。在第一次世界大战期间，它曾被用于英国地面与空军间的联络。

图 2.15　军用 BC-15A 型机载无线电发射机，Connecticut Telephone and Electric Company，美国，1918 年，20.5×16.2×16

此机现在状况良好，左下图为通电使用中，产生火花之景象。

COUPLING
MIN
PUSH FOR
BUZZER
EMERGENCY
TELEPHONE
CONNECTION
PRIMARY
SECONDARY

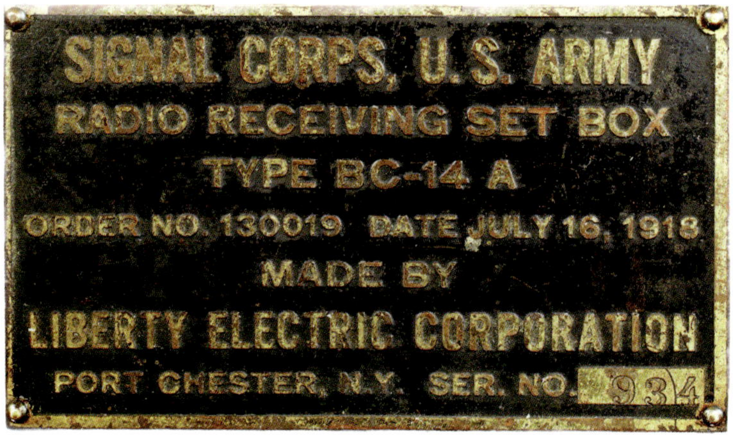

图 2.16　军用 BC-14A 型无线电接收机，Liberty Electric Corporation，美国纽约，1918 年，38×36×34

此设备为美国通信兵于第一次世界大战期间使用。该接收机使用一个标准的带蜂鸣器电路的矿石检波器。当矿石检波器接收到信号时，操作员会通过蜂鸣器得知。

图 2.17　矿石接收机 1，Société des Ets Ducretet，法国巴黎，1921 年，26.5×13×21

图 2.18　矿石接收机 2，法国，20 世纪 20 年代，18.5×20×23.5

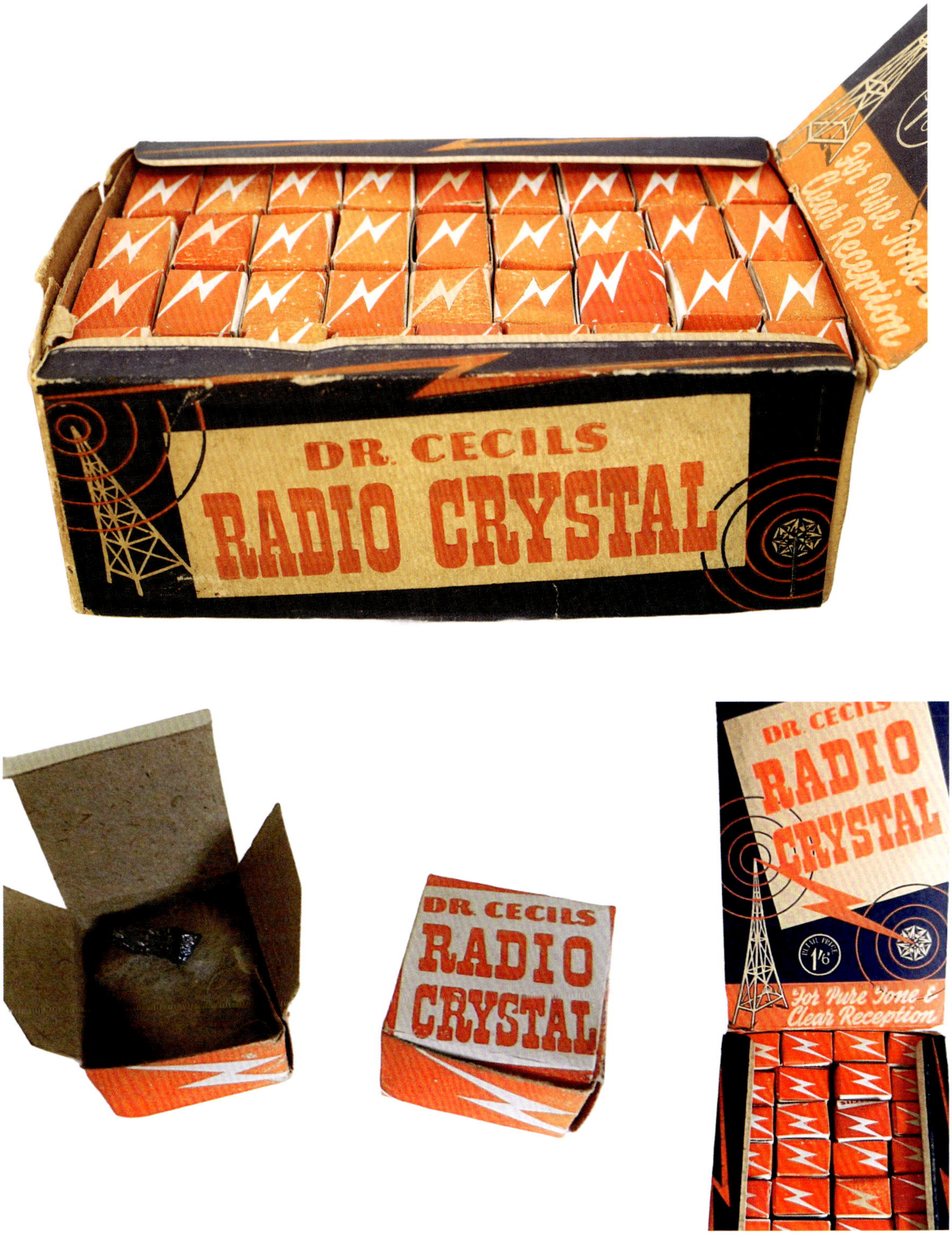

图 2.19　接收机用方铅矿，Austin Clarke (London) Ltd.（经销商），英国伦敦，20 世纪 20 年代初，10.8×30×14

在用活动矿石检波时，往往得小心翼翼地反复调节金属触针，找到矿石表面收音最灵敏的一点。而如果用固定矿石，则可省略这一步，因为厂商已经把触针固定在了最灵敏的接触点。随之而来的缺点是，接触点在使用中会变迟钝，固定矿石不便更换。因此，对于具备足够耐心的用户，活动矿石更有可能带来惊喜，也更耐用。

图 2.20　壁挂式矿石接收机之一，Toulouse Radio，法国，1920 年，24×19×51

图 2.21　壁挂式矿石接收机之二，法国，1923 年，邮政第 215 号接收器，17.5×12.5×18.5

因受技术、材料等限制，一些早期的电器如电话、接收机对振动很敏感，较为固定的“壁挂”形式一定程度上保持了设备的稳定性。此外，在 19、20 世纪的西欧社会，家庭空间中已有种类繁多壁挂装饰，包括各种壁挂雕塑、支架、艺术作品，或许这也是此类壁挂式接收机出现的一个原因。

图 2.22　板式矿石接收机，Betts & Betts Corporation，美国纽约，1924 年，30.5×22.5×14.5

图 2.23 矿石收报机，Commerce Radiophone Co.，美国底特律，20 世纪 20 年代，40.5×26.5×19.5

Commerce Radiophone Co.（商业无线电话公司）的早期产品，两个调谐滑钮分别装在垂直面板和水平面板的设计较为独特。

图 2.24　自制发报机，美国，1930 年前后，26×27.5×47

图 2.25　BC-221-AN 型频率计，The Allen D. Cardwell Manufacturing Corp.，美国纽约，20 世纪 50 年代，27×56.5×41（展开）

BC-221 是一个在 20 世纪 40~50 年代的美国很常用的频率计系列，BC-221-AN 型是其中的一款。监管机构要求业余无线电爱好者都在指定频段内操作，但当时想准确控制机器的频率并不容易，尤其是很多爱好者都使用自制的发射机，所以一台专用的频率计就很有必要——实际上不少人只是在被检查到时声称，自己有这样一台机器而最近刚好借给了朋友。

图 2.26　174B 型波长计，General Radio Co.，美国马萨诸塞州剑桥，约 1920 年，24.5×32.5×30

波长计也是弗莱明的发明，可用于检测强信号源的波长，也可用于检查发射机输出的谐波，检测结果表现为电流强度，通过自带的电流计读取。这样一款波长计在 1920 年左右售价为 68 美元，其生产商 General Radio 公司成立于 1915 年，早期主要生产无线电发射和接收部件、精密测量仪器。在一战期间，公司利润随业务同步扩张，后续几十年在高端仪器市场占据重要地位。2001 年被 Teradyne, Inc.（泰瑞达公司）收购。

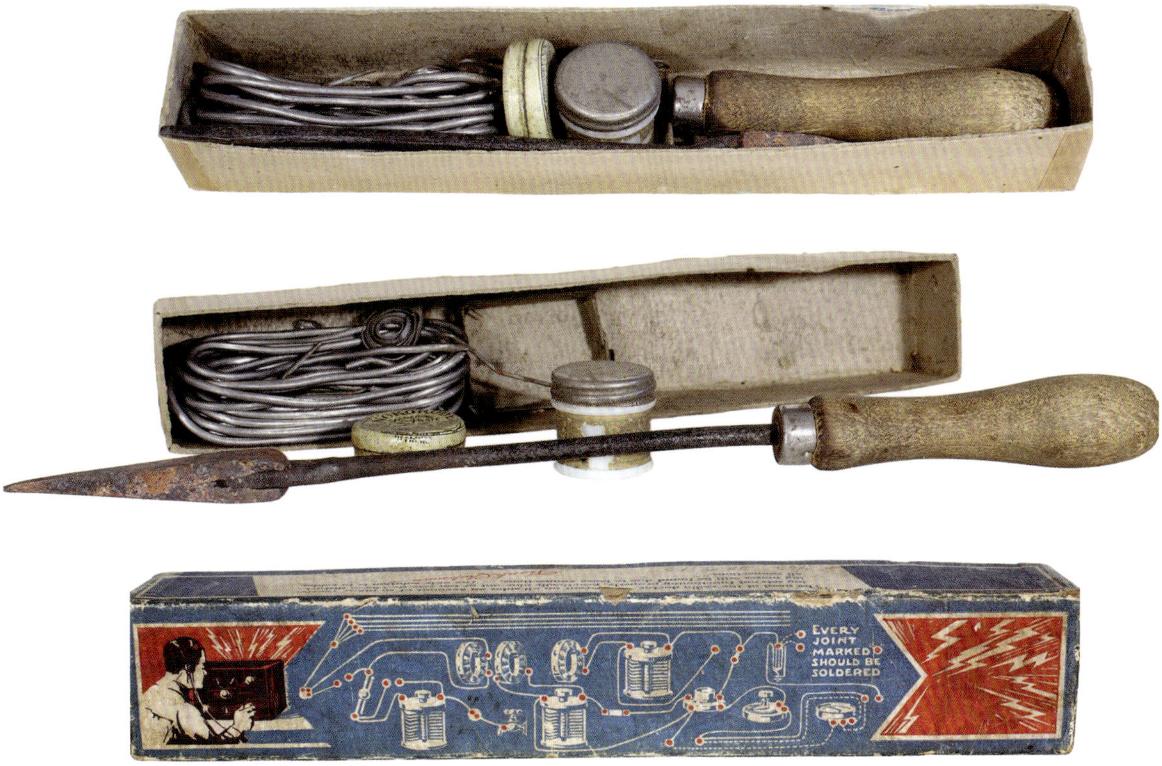

图 2.27　火烙铁，美国，20 世纪 20 年代，37×14×4

图 2.28　速热电烙铁，池福记电气厂，中国，20 世纪 40 年代，22×17×7

图 2.29　垂直式检流计，法国，20 世纪 10 年代，16×13×23

这是一款垂直式检流计，最开始由法国工程师布尔布兹在 1870 年左右设计而成。布尔布兹曾帮助过皮埃尔·居里，并受到居里兄弟的邀请为他们制作科学仪器，因此在居里的办公室内也一直保存着布尔布兹发明的垂直式检流计。垂直式检流计的灵敏度较高，且指针长表盘大易读数，可以作为良好的教具与实用仪器。

图 2.30 正切电流计，Central Scientific Co.，美国芝加哥，20 世纪 10 年代，21×21×25.5

正切电流计由约翰·雅各布·内万德（Johan Jakob Nervander）在 1834 年设计制造，这件正切电流计则是由 Central Scientific Co.（美国中心科学公司）在 20 世纪 10 年代生产。该公司是一家科学仪器的制造商和分销商，于 1900 年在芝加哥市中心成立。他们最初是从事教学科学设备的邮购业务，并将产品销售给学校、学院和大学。

图 2.31　迷你欧姆计，Chauvin & Arnoux，法国巴黎，1915 年，27×29×10.5

法国 Chauvin & Arnoux 由拉斐尔·肖万（Raphael Chauvin）和勒内·阿尔努（René Arnoux）在 1893 年共同创立，主要制造和销售电气和物理量测量仪器。此设备利用电桥原理可快速测量 1 兆欧姆到 0.1 欧姆之间的绝缘电阻，时价 175 法郎。

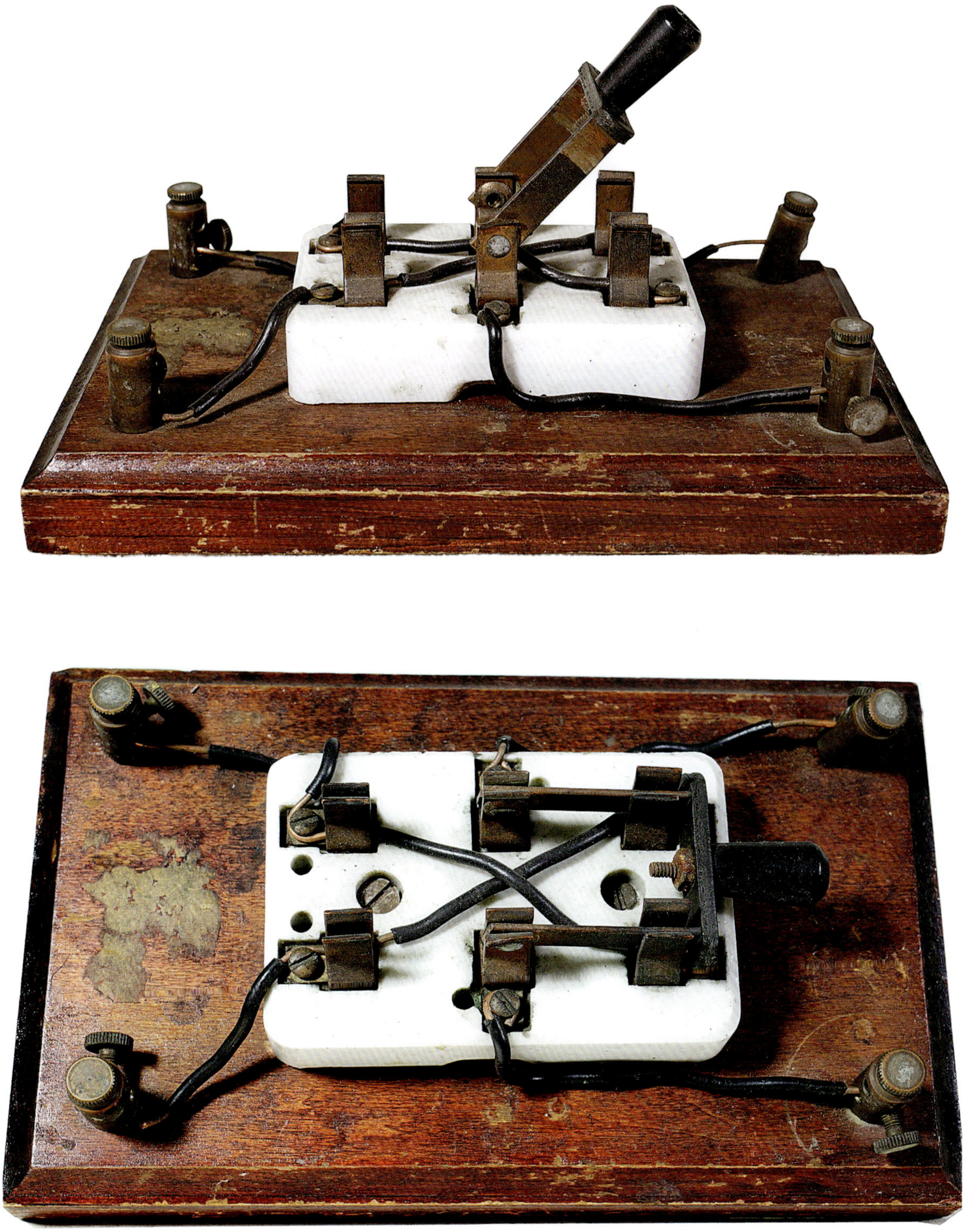

图 2.32　闸刀开关，美国，20 世纪早期，20.5×12.7×7

此设备为双刀双掷开关，由可动端（闸刀）、两个固定端、陶瓷基底、木质底座、铜接线柱和导线组成。双刀双掷开关的应用场景十分广泛，在电路系统中可以起到控制电流、电压方向，交换各类电器元件等作用。

图 2.33　瓷基变阻器，Central Scientific Co.，美国芝加哥，20 世纪早期，20.5×12.7×7

图 2.34　密封可变电容器，美国，20 世纪 20 年代，直径 10、高 10

三

鸟枪换炮

三极管的发明使无线电信号的收发效果迈上新的台阶，超外差电路更使得接收机灵敏度得到显著提升。有了新技术加持，业余爱好者在政策限制下转而探索短波通信，竟开辟了新天地。此后，无线电相关的一系列技术开枝散叶，射电天文学、雷达、卫星导航、射频识别等今天我们习以为常的应用或理论陆续诞生。

图 3.1　电子管检波器，Adams-Morgan Co.，美国，1921 年，13×8×13

图 3.2　电子管发射机，Igranic Electric Co.，英国，20 世纪 20~30 年代，38×21×45

图 3.3　T.F 型电子管接收机，Siemens Bros Co.，英国伦敦，20 世纪 20~30 年代，23×14×23

此设备由 Siemens Bros Co.（西门子兄弟公司）生产，主要搭载于超级马林喷火式战斗机（Supermarine Spitfire）和霍克飓风式战斗机（Hawker Hurricane）。该公司最初是由德国电气工程公司西门子和哈尔斯克的创始人于 1858 年创立的英国分公司，主要制造、销售和安装海底和陆地电缆、架空电报、电话和电力传输线、公用和专用电话交换机以及电话线的载波传输设备以及海上无线电和信号设备。

图 3.4　单管接收机，美国，20 世纪 20 年代，24.7×19.6×22

图 3.5　4018 型单管收音机，The A. C. Gilbert Co.，美国纽黑文，1922 年，36.2×24×12

这款收音机当时售价 25 美元，可以收听中波广播。

MIN
SIGNAL CORPS U.S. ARMY
AIRPLANE RADIO RECEIVING SET
TYPE S. C. R. 59
ORDER No. W40761
SERIAL No.
MADE BY
WESTERN ELECTRIC CO., INC.
PHONES

图 3.6　军用 S.C.R.59 型机载无线电接收机，Western Electric Co., Inc.，美国，1917~1918 年，33×13×25

1917 年，美国 Western Electric Co., Inc（西部电气股份有限公司）为美国通信兵团制造了该接收机，作为美国军用飞机首批电子管无线电通信系统的一部分，使用 3 个专为军事用途设计的 VT-1 电子管，S.C.R. 代表“Set, Complete, Radio”（成套、完整、接收机）。

FAIRFIELD, O.
HARRY E. SKINNER,
IRVING PARK BLVD.
CHICAGO, ILL.
Western Electric

FROM F. A. I. D.
FAIRFIELD, O.
HARRY E. SKINNER,
1466 IRVING PARK BLVD.
CHICAGO, ILL.
Western Electric

SIGNAL CORPS U.S. ARMY
AIRPLANE RADIO TRANSMITTING
AND RECEIVING SET
TYPE S.C.R. 68
ORDER No.
SERIAL No.
MADE BY
WESTERN ELECTRIC CO., INC.

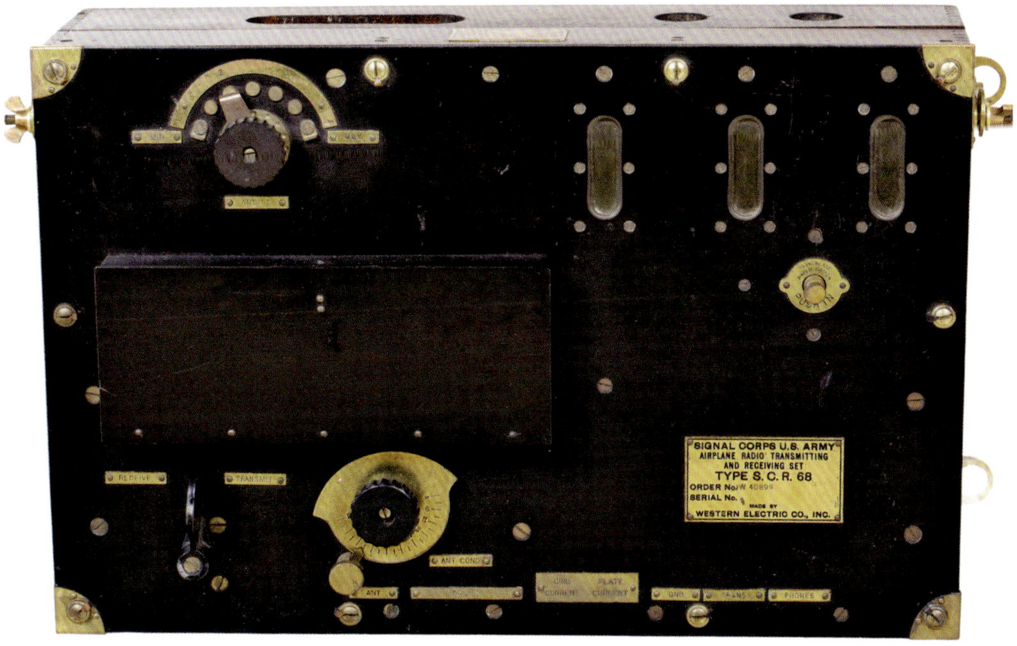
SIGNAL CORPS U.S. ARMY
AIRPLANE RADIO TRANSMITTING
AND RECEIVING SET
TYPE S.C.R. 68
ORDER No. W 40899
SERIAL No.
MADE BY
WESTERN ELECTRIC CO., INC.

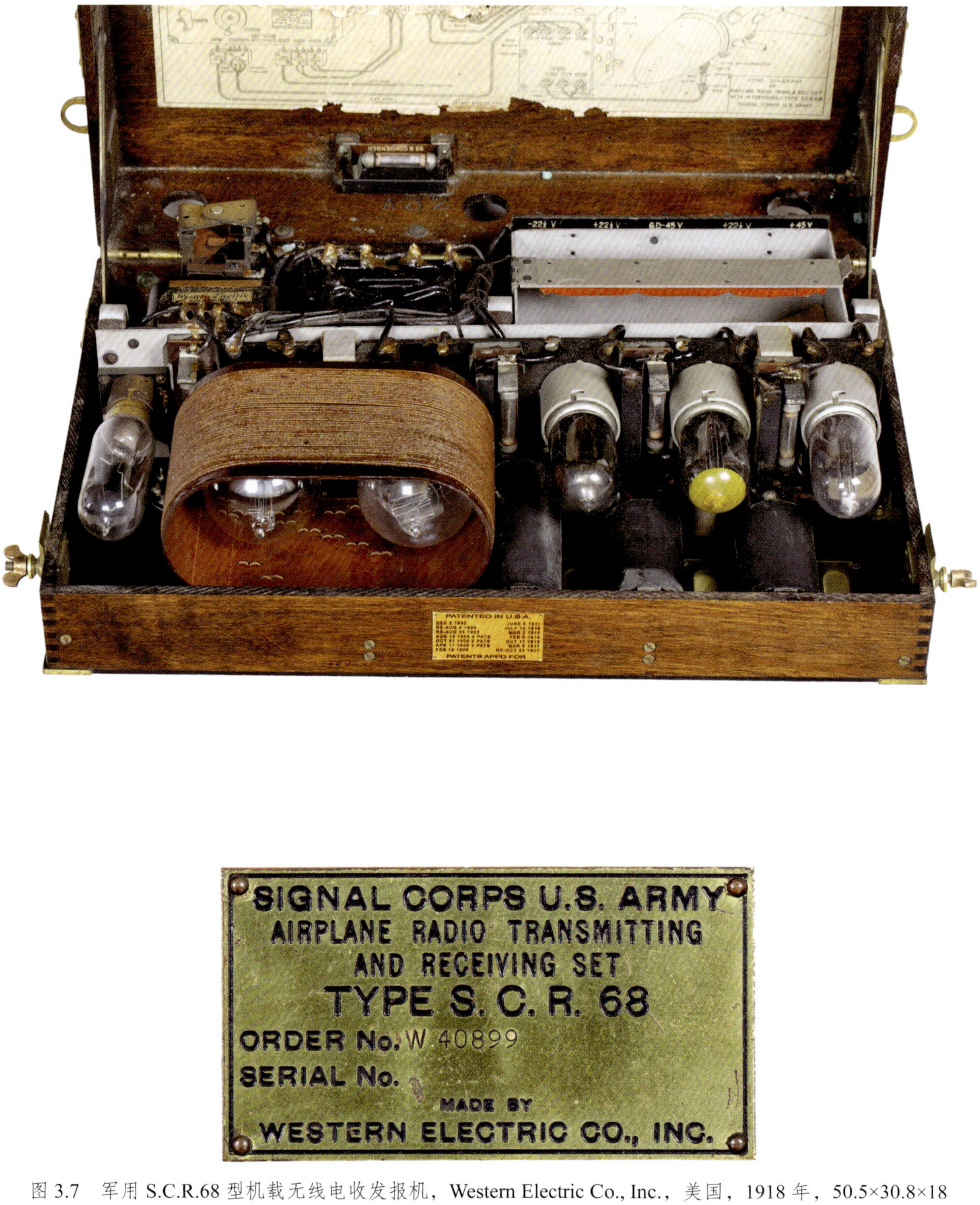

图 3.7　军用 S.C.R.68 型机载无线电收发报机，Western Electric Co., Inc.，美国，1918 年，50.5×30.8×18

这是一台美国一战时期的军用库存设备，战后流入市场。该收发报机全新，带原木质包装箱及箱内防潮、减震材料。

图 3.8　军用 BC-86-B 型无线电发报机，The Allen D. Cardwell Mfg. Corp'n.，美国，1929 年，41×23×37

一战后美国陆军使用的设备，可发送摩尔斯码和语音，通过电报键或麦克风输入。

图 3.9 超外差式收音机，Western Electric Co., Inc.，美国，20 世纪 20 年代，63×33×26，63×53×26（打开）

图 3.10　超外差式二次谐波收音机，Radio Corporation of America，美国，1924 年，90×33×29

KILOCYCLES
WAVELENGTH
1350-750
222-400
1000-600
300-500
750-500
400-600
REFLEX
DETECTOR
TUNING
FINE TUNING
FILAMENT SWITCH

图 3.11 D-10 型矿石、电子管两用接收机，De Forest Radio Tel. & Tel. Co.，美国纽约，1923 年，70×38×10

1923 年的 DeForest D-10 收音机可能是 20 世纪 20 年代早期最具代表性的收音机，曾在 RM-AWA 展会上获得电池收音机类别的一等奖。

图 3.12 “Everyman”矿石收音机，Canadian Independent Telephone Co., Ltd.，加拿大多伦多，1922 年，48×25×25

Canadian Independent Telephone Co., Ltd（加拿大独立电话公司，简称 CITCo）由汉密尔顿商人威廉 · A. 伍兹创立，成立于 20 世纪初，旨在为个人发起的小型独立电话公司制造、提供设备。当时，加拿大的贝尔电话公司正在迅速扩展，但主要集中在人口较密集的地区，而 CITCo 则填补了乡村地区的需求。到 1921 年，仅安大略省就有约 680 家非贝尔电话公司。CITCo 在多伦多运营自有无线电台，这在当时是一种常见的营销策略。其电台 CKCE 在 450 米波段上播音，从 1922 年 7 月到 1924 年 5 月在加拿大的无线电杂志上都有记录。

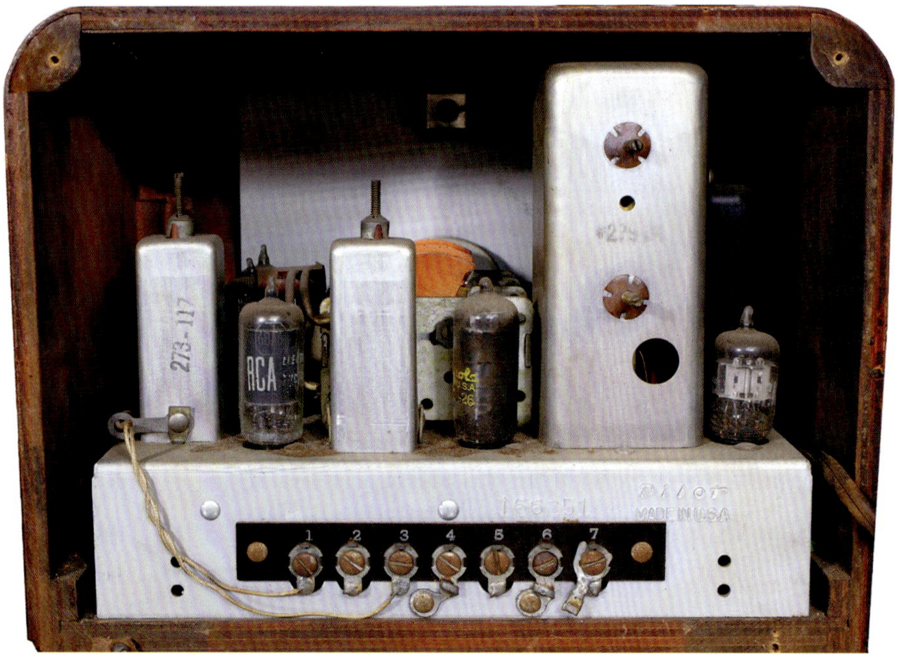

图 3.13　调频接收器，Pilot Electric Mfg. Co.，美国纽约，20 世纪 40 年代，24×19×19.5

早期收音机都是通过调幅（AM）方式传送信号，占用的频带较宽，容易受到干扰。1933 年，埃德温 · 阿姆斯特朗获得了调频（FM）技术的专利权，调频的优势是抗干扰能力强，信噪比更高。

1941 年 1 月 1 日，25 家调频电台在美国各地同时开业，开创了世界上最早的调频广播。

L
S
A+
AB-
TELEPHONE
CONNECTICUT VARIOMETER
Sodion
RECEIVING SET
POTENTIOMETER

图 3.14　DR-6 型钠离子管接收机，Connecticut Telephone & Electric Company，美国，20 世纪 20 年代，32.5×21×27

20 世纪 20 年代的美国，收音机技术的诸多重要专利都在德·福雷斯特公司的控制之下，很多后起之辈试图绕过这些护城河申请自己的专利，在收音机市场分一杯羹，钠离子管接收机就是这一背景的产物。虽然申请到了专利，但这一技术的市场效益并不很好，只有少量产品采用，流传较少。

图 3.15 发报电键，美国，1930 年代，25×12×5

图 3.16 小型发报电键，美国，1930 年代，10.5×5×4

电子管出现后，大量无线电业务都转而通过语音进行，但摩尔斯电报依然存在，很多业余爱好者也仍热衷于通过这一门槛更高的方式进行联络。

图 3.17　按键电报器，J.H Bunnell & Co，美国，1920 年代，22×13×11

这是一款用于有线电报的发报器，它在结构上与无线电报的电键有些不同。

图 3.18　无线电产品铜制雕像广告，美国，20 世纪早期，19×14×46

四

独乐乐不如众乐乐

1906 年平安夜，费森登在马萨诸塞州海滨小镇进行广播实验，用电火花发射机首次实现音频广播；1916 年马可尼公司的大卫·萨尔诺夫首次建议研究开发“无线电音乐盒”，让收音机进入家庭。无线电设备逐渐从军用、商用、极客用转而进入大众手中，一种新的传媒——广播逐渐浮现。

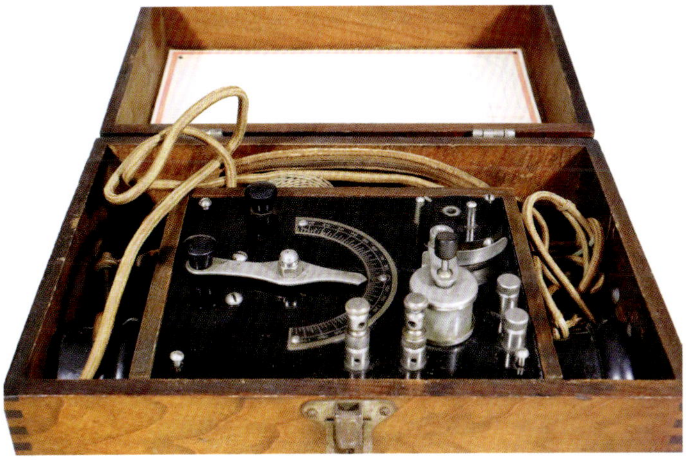

图 4.1　吉卜林“RadioEar”矿石接收机，Standard Radio & Electric Co.，美国罗得岛，20 世纪 20 年代，27×38×23

Standard Radio & Electric Co.（标准无线电与电气公司）生产了多个版本的吉卜林矿石接收机，用于业余实验或娱乐目的。该设备随附一个蜂房式（honeycomb）线圈，使用者也可自行购买其他线圈以扩增波长范围。吉卜林·雷姆勒在促进罗德岛无线电发展中发挥重要作用，除了先后担任标准无线电与电气公司的工程师、主管，他也是一位发明家和设计师，在电气和汽车领域拥有多项专利。他参与发明紧凑型蜂房式线圈，这种线圈也曾在美国海军 1919 年完成的首次跨大西洋飞行中使用。

图 4.2 AR1300 型矿石接收机，General Electric Co.，美国，1922 年，28.2×37×23

此设备是 General Electric Co.（通用电气公司）为 RCA 制造的产品。

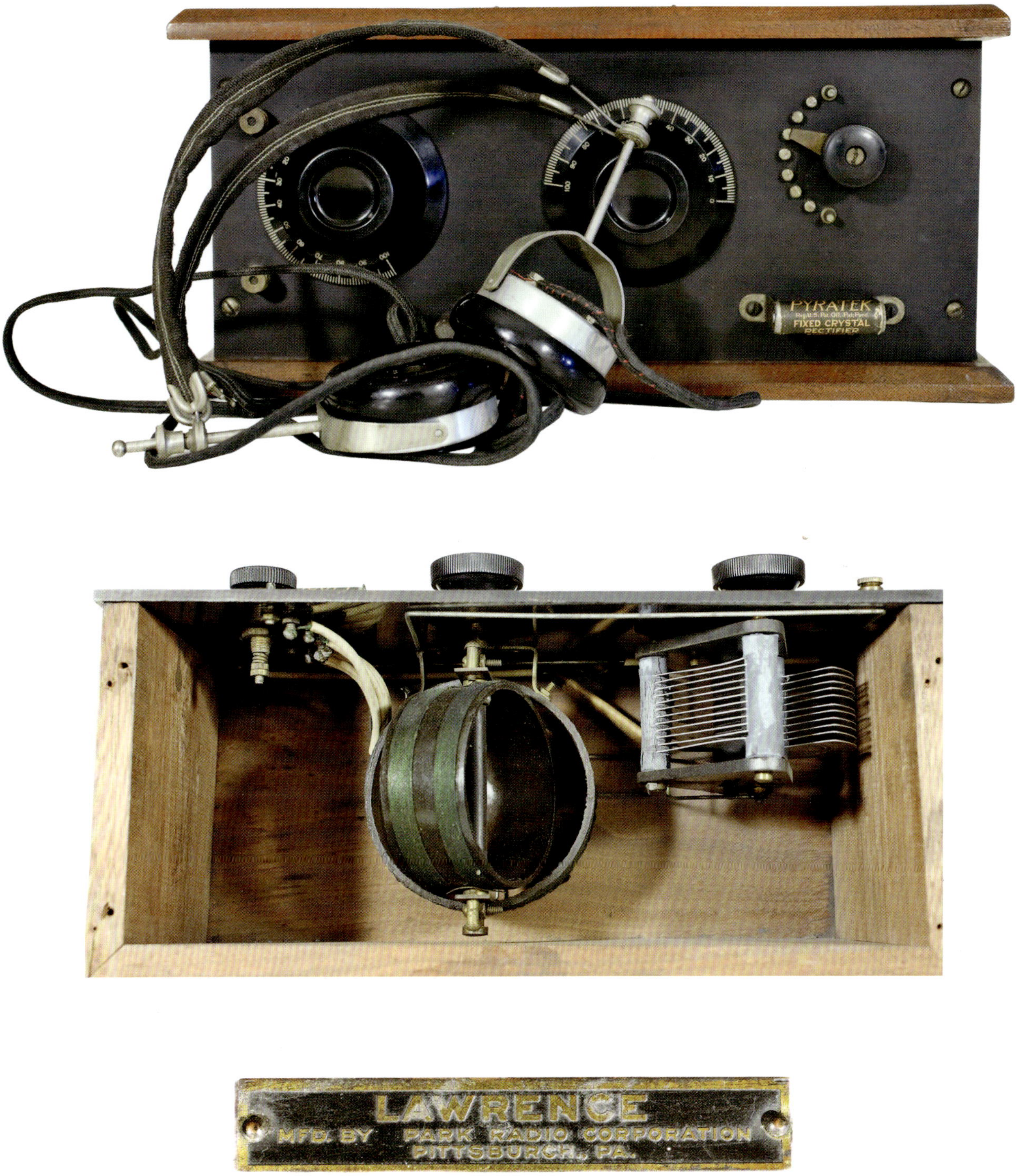

图 4.4　劳伦斯矿石接收机，Park Radio Corporation，美国匹兹堡，1923 年，33×17×15

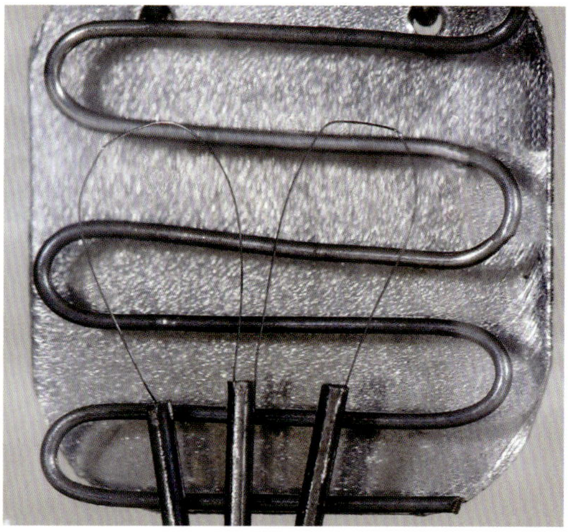

图 4.5 球面三极管及木质电位器，De Forest Radio Telephone & Telegraph Co.，美国纽约，1910 年前后，11.2×18×11.5

20 世纪 10 年代，De Forest Radio Telephone & Telegraph Co.（德·福雷斯特电话电报公司）开始生产搭载三极管的无线电接收器，如 RJ–4、RJ–5 等。最初的三极管需要倒置安装，以防止脆弱的灯丝下垂并接触网格。以上正是由德·福雷斯特电话电报公司在美国生产的第一个商业球面三极管，它被安装在一个木制底座的变阻器上。

图 4.6　单管收音机，美国，1921 年，23×20×18

图 4.7　RF 型单管收音机，Westinghouse Electric Corporation，美国，1921 年，22×19×18

面板上的矿石检波器，系该机所有者自行安装。

Radiola III
NOTICE!
TYPE R1
RANGE 220-550 METERS
RCA
THIS RADIO RECEIVER AND VARIOUS COMPONENT PARTS AND COMBINATIONS THEREOF ARE PATENTED AS FOLLOWS:
Radio Corporation
of America

ANTENNA
BATTERY SETTING
OFF
PHONES
AMPLIFICATION
STATION SELEC
RCA
Radiola III

图 4.8　Radiola Ⅲ R1 型双管收音机，Radio Corporation of America，美国，1922 年，21×20×19

ATWATER KENT
PHILA.
TYPE TA
PATENTS
PENDING
DETECTOR AND 2 STAGE A.F. AMPLIFIER

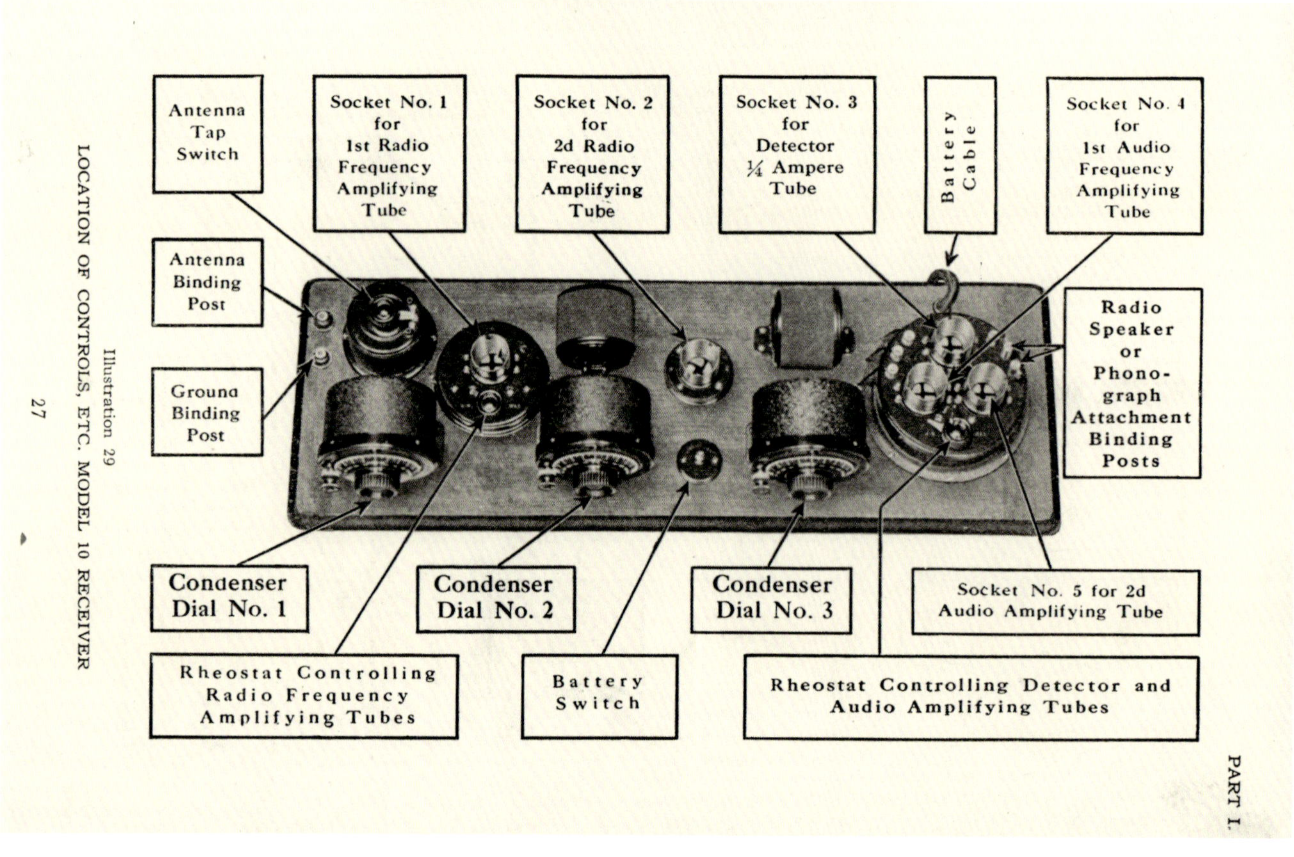

图 4.9　10C 型 4700 5 管机，Atwater Kent Manufacturing Company，美国，1924 年，73×25×18

美国 Atwater Kent Manufacturing Company（阿特肯特制造公司），成立于 1895 年，由发明家、实业家阿特沃特・肯特（Atwater Kent）创立。该公司主要从事收音机的生产和销售。在 20 世纪 20 年代，Atwater Kent 生产的收音机以其高品质和耐用性著称，成为当时最顶级的收音机之一。其板式收音机称之为“AK”机，1922 年推出 1 型 3925 2 管机，此后相继出品了 2 型 3945 3 管机，3 型 3955 3 管机，4 型 3975 3 管机，5 型 4066 5 管机，9 型 4445A 4 管机，9C 型 4660 4 管机，10 型 4340、4490 5 管机，10B 型 4550 5 管机，10A、10B 型 4560 5 管机，10C 型 4700 5 管机，12 型 4375、4620、4910 6 管机。

图 4.10　Radiola 26 型便携式超外差收音机，Radio Corporation of America，美国，1926 年，57×48×42

图 4.11　四管收音机，法国，1928 年，30×35×25

Type SG 1
SFR
PARIS

图 4.12　便携式四管收音机，法国，1929 年，30×40×39.5

图 4.13　室内天线，法国，20 世纪 20 年代，32×32×58

图 4.14　旋转天线，法国，20 世纪 20 年代，30×30×40

图 4.15　电灯天线，美国，20 世纪 20 年代，14×13×27

图 4.16　4 伏甲电电瓶，德国，20 世纪 20 年代，14×13×20

早期电子管收音机一般采用电池供直流电，其中向灯丝供电的电池被称作甲电池，向屏极供电的电池被称作乙电池，分别对应英文的“A battery”“B battery”。

图 4.17　乙电整流器，Loewe Technology GmbH，德国，20 世纪 20 年代，28×15×24

图 4.18　电池充电器，Louxor Radio Factory Company，瑞典，1930 年，26×22×19

Louxor 是一家瑞典家用电子产品和计算机制造商，成立于 1923 年，1985 年被诺基亚收购。

图 4.19　电子管测试仪，美国，20 世纪 20 年代，22×12.5×6.5

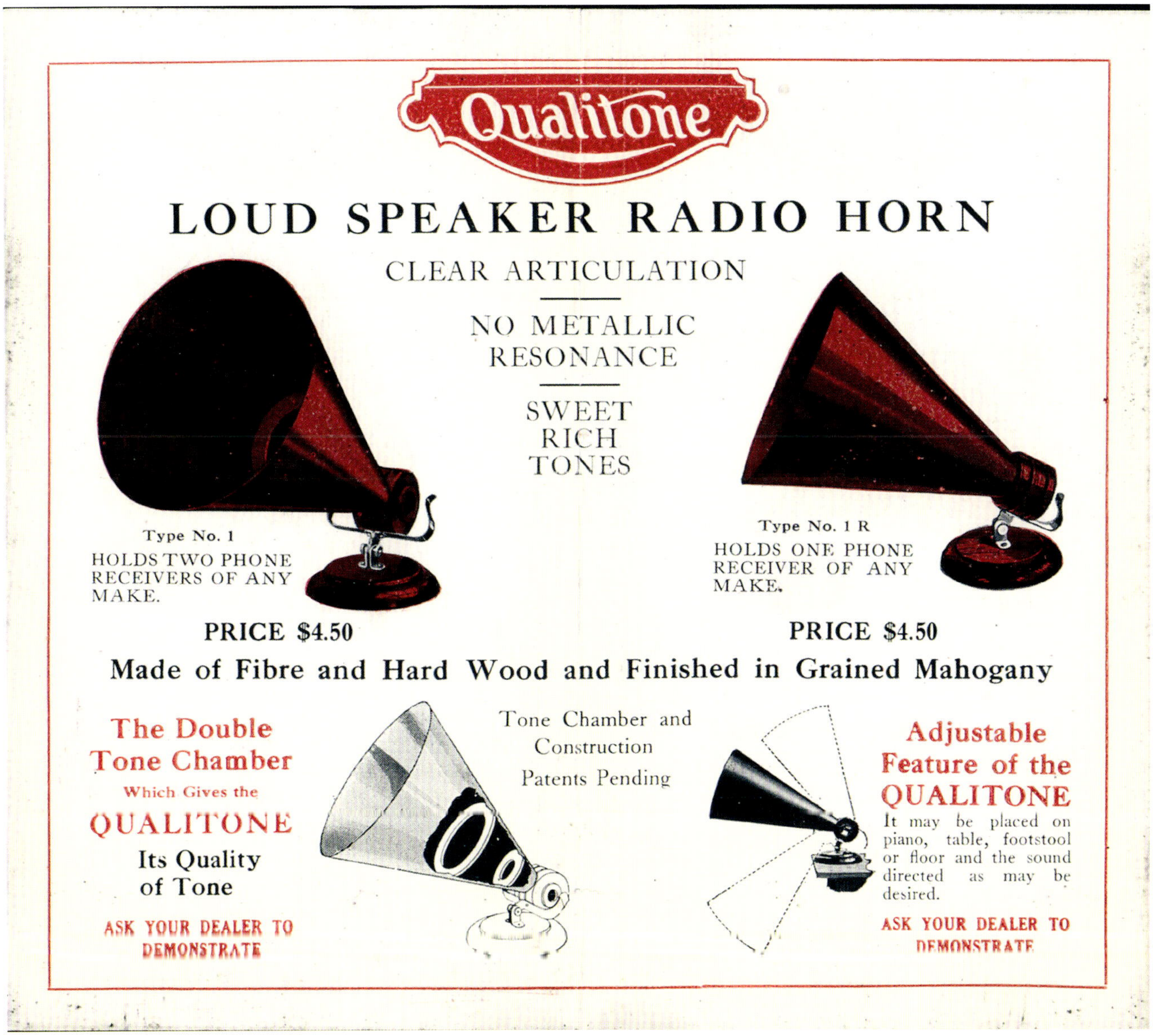

图 4.20　耳机扩音器套装，美国，20 世纪 20 年代，26×47×38

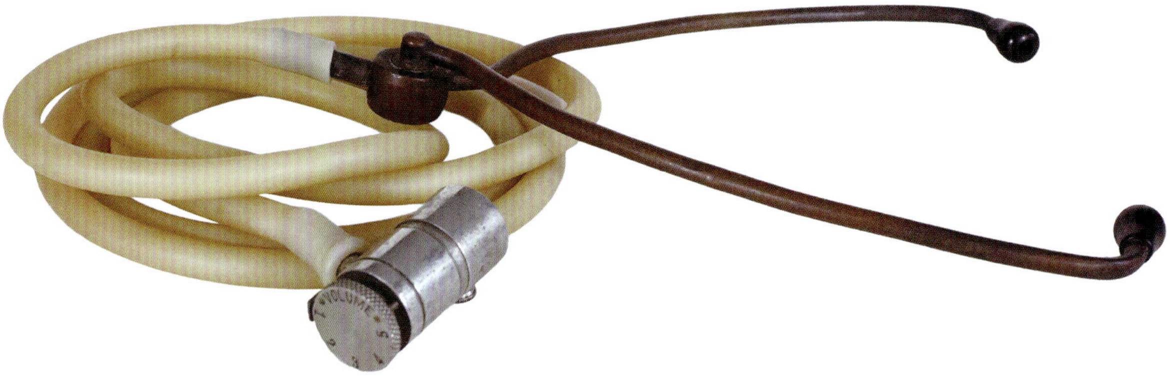
VOLUME

图 4.21 听诊器式耳机，美国，20 世纪 20 年代，28×20×5

此产品系无源耳机，依靠橡胶管将声音传导至听筒，供使用者收听。其转换接口可驳接手摇滚筒唱机，供个人收听，不致打扰他人，见第二、第三图。橡胶管为后配。

图 4.22　多耳机连接器，Temple Inc.，美国芝加哥，1922 年，直径 10，高 15

图 4.23 扬声器之一，德国，20 世纪 20 年代，直径 20，高 30

早期扬声器，在耳机听筒上安装喇叭筒，以扩大声音。

图 4.24 扬声器之二，美国，20 世纪 20 年代，直径 32，高 70

早期的电磁励磁式扬声器。

60
55
175
200
250
300
400
500
550
170
150
METERS
Emerson Radio and Phono Corp.
N.Y. U.S.A.

五

浪潮

1919 年 RCA 成立，1922 年 BBC 成立，标志着各国政府、跨国资本大举进军广播业。1933 年，面临经济寒冬和随之而来的一系列危机，美国总统罗斯福开始发表炉边谈话，纳粹德国宣传部长戈培尔提出“大众收音机”，意识形态对立的阵营都选择用广播助推自己的理念。广播已深度介入政治，渗入社会肌理，形塑民众思潮。

WIRELESS H.F. VALVE-CRYSTAL RECEIVER
MADE BY THE
BRITISH THOMSON-HOUSTON Co LTD
RUGBY ENGLAND
CONDENSER
TUNER
A
EARTH
BATTERY
OFF
FILAMENT CURRENT
MAX
VALVE-CRYSTAL DUAL RECEIVER
REGD No 696058
TELEPHONES
TUNER
B
1 2
CHANGE CRYSTAL
1 2
CRYSTALS

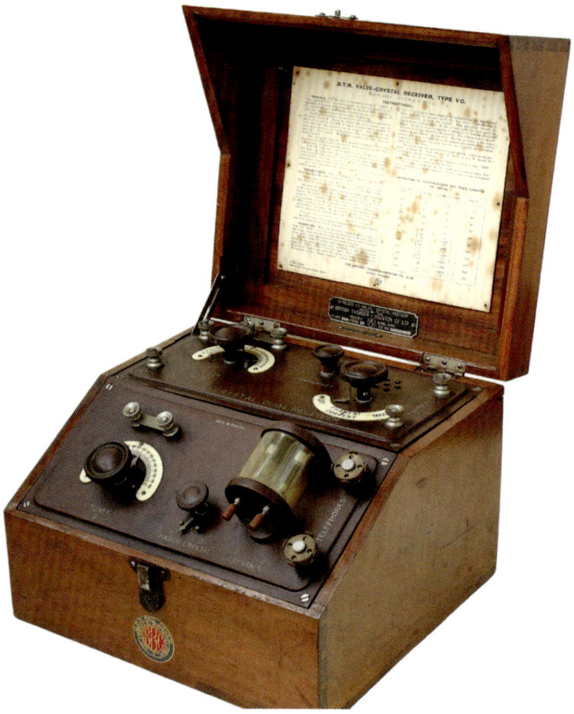

图 5.1 VC 型电子管－矿石双重收音机，The British Thomson-Houston Co. Ltd.，英国，20 世纪 20 年代，29×36×45

这是一种双重放大收音机，接收到的信号先由电子管在高频或射频下放大，然后由晶体检波器整流，再返回到电子管，在电子管上以低频或音频频率放大。

图 5.2　音箱式双管直流收音机，英国，20 世纪 20 年代，29×36×45

Abstimmung
Abstimmung
Abstimmung
A1 A2 E
KURZ
Kopplung
Ao Eo
Lautsprecher

200 150 100 75 50
LOEWE RADIO
SPEZIAL-SATZ

图 5.3　双管收音机，Loewe Technology GmbH，德国，20 世纪 20 年代，80×18×21

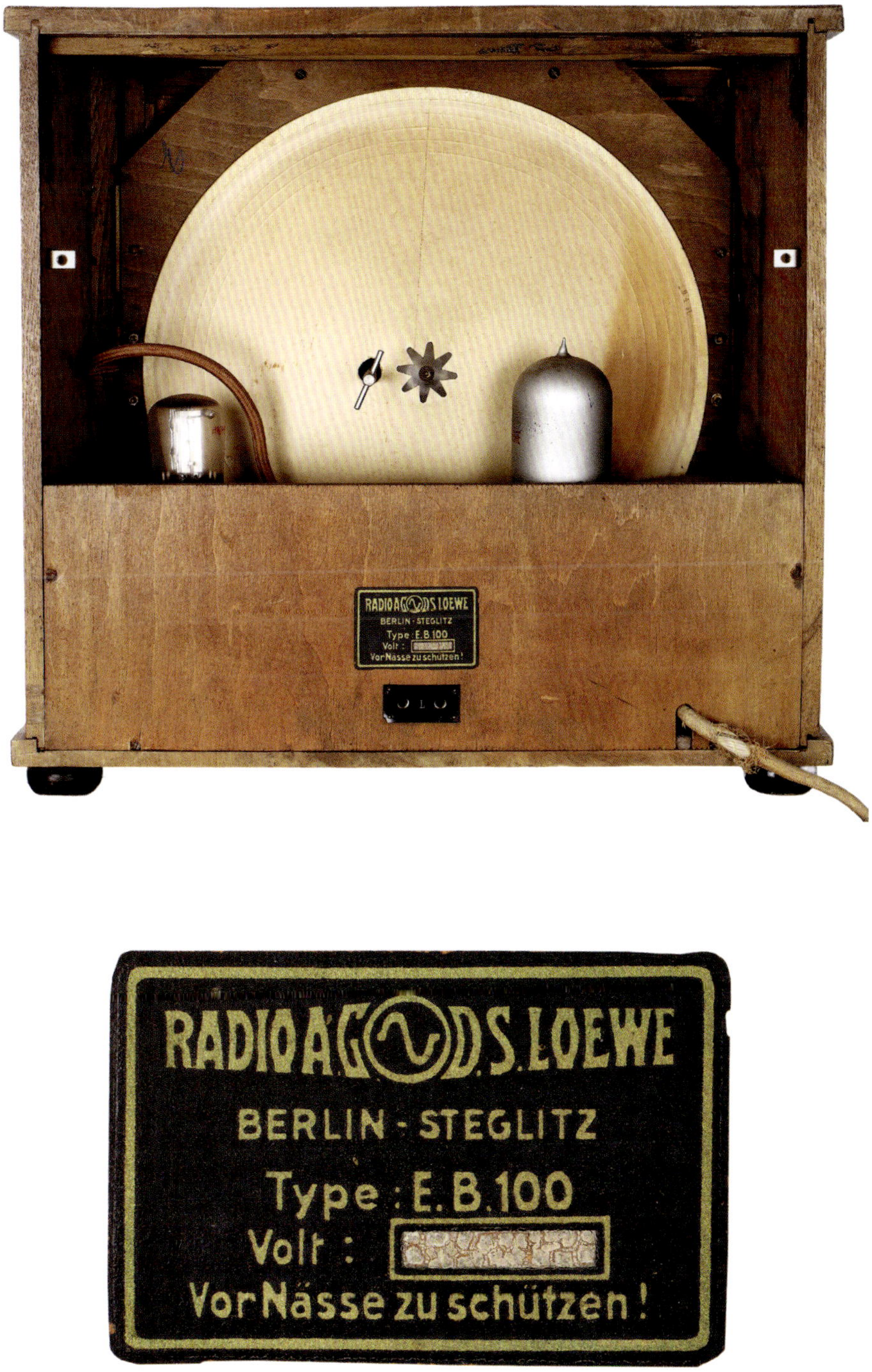

图 5.4 音箱式双管收音机，Loewe Technology GmbH，德国，1930 年，41×21×39

30
20
LORENZ

Achtung!
Auf richtige Netzspannung
umschalten.
T
G

图 5.5　铁壳四管收音机，德国，20 世纪 30 年代，41×21×39

图 5.6 铜质台灯式五管收音机，美国，1930 年，38×38×50

KILOCYCLES
DETROLA
METERS

图 5.7　302 型时钟收音机，美国，1930 年，26×14.5×25

60
55
175
200
500
250
400

70 80 100
60
55
175
200
250 300 400
METERS

图 5.8 CL256 型提琴收音机，Emerson Radio and Phono. Corp.，美国纽约，1933 年，27×14×16.5

INCREASE
Emerson
MICKEY MOUSE

图 5.9 411 型米老鼠收音机，Emerson Radio and Phono. Corp.，美国纽约，1933 年，27×14×16.5

图 5.10　白雪公主和 7 个小矮人收音机，Emerson Radio and Television. Corp.，美国纽约，1937 年，18.5×17.5×19.5

图 5.11 蓝鸟 506 型收音机，Sparton Corporation，美国，1935 年，45×30×50

1935~1936 年，沃尔特·多文·蒂格（Walter Dorwin Teague, 1883 年 12 月 18 日 ~1960 年 12 月 5 日）亲自操刀为 Sparton Corporation（史巴顿公司）设计了四种镜像装饰收音机，“夜曲”（Nocturne），型号为 1186，在其中是最有名的。蒂格是 20 世纪前半期美国最著名的工业设计师之一，美国工业设计专业化的创立者，提倡使用科技来改善人们的生活，被誉为“工业设计泰斗”（dean of industrial design）。经典作品涉及众多领域，如 Kodak 照相机、波音客机内饰、世博会展览馆以及包括收音机在内的众多日用工业品。夜曲 1935 年 9 月发布，1936 年定型生产。“夜曲”高 46 英寸（约合 1.17 米），宽 43.5 英寸（约合 1.10 米），深约 16 英寸（约合 0.41 米），镜面直径为 42 英寸（约合 1.07 米），面向高端市场：酒店，剧院和其他类似的场合，售价非常昂贵，达到 375 美元，几乎可以买一辆新车了。上市时定价偏高又适逢美国经济大萧条导致销量很少，加之本身材质脆弱，使得该机存世的数量极少，今天全世界能找到的整机已知大约有 10 台，乐观的估计不会超过 25 台。精湛的设计，稀有的数量，使其稳坐收音机收藏市场的头把交椅，无出其右。近年来的拍卖价格均在 50 000 美元以上，2003 年 12 月 Ebay 拍出过 85 000 美元的天价。与“夜曲”同时发布的蒂格设计的另三款镜面装饰收音机是 506 型（又称“蓝鸟”Bluebird）、557/558 型（又称“雪橇”Sled）和 409-GL 型，同样都是收音机收藏市场的宠儿，价格不菲。

图 5.12 书本式矿石收音机，Kenmac Radio Limited，英国伦敦，1925 年前后，13×10×3.5，13×10×6.5（打开）

图 5.13　“汤姆叔叔”矿石收音机，J. P. Gowland 设计，Jones & Sons Limited，英国，17×15×25

图 5.14 “瓢虫”矿石收音机，Brush Pottery，美国俄亥俄州，1927~1930 年，27×18×13

图 5.15　三管便携式直流收音机，英国，1936 年，23×17×24

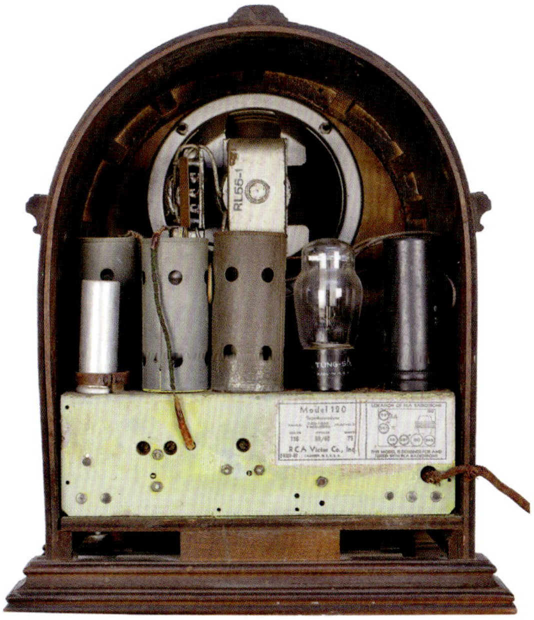

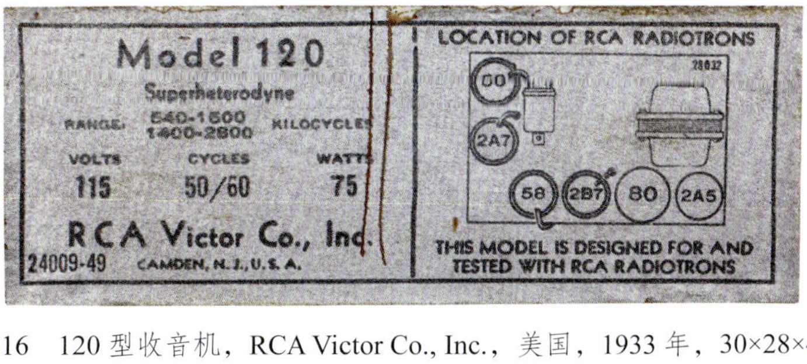

图 5.16 120 型收音机，RCA Victor Co., Inc.，美国，1933 年，30×28×42

图 5.17　1926A 型三管收音机，Telefunken，德国，1926 年，39×24.5×40

该机下部为线圈互换抽屉。

100 90 80 70 60

TELE FUN KEN
VE301w
110 130 220
G 354 L416/D5 A4110
Vor Nässe zu schützen.
Vor Öffnen der Rückwand ist
der Netzstecker zu ziehen.
Ein
Telefunken
Type VE 301 W
110/220 Volt 50 ~
App. Nr.

图 5.18　VE301W 型收音机，Telefunken，德国，1938 年，32×15.5×38

这款收音机即为纳粹德国时期极具代表性的“大众收音机”，也由德律风根公司生产。

40 50 60 70 80

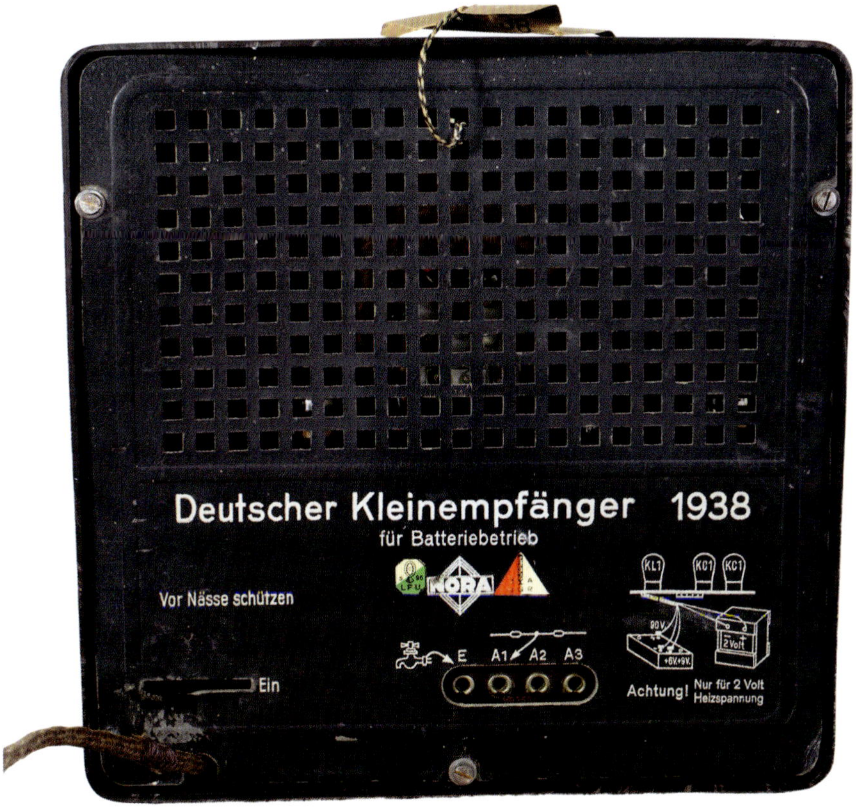
Deutscher Kleinempfänger 1938
für Batteriebetrieb
Vor Nässe schützen
NORA
KL1 KC1 KC1
E A1 A2 A3
Ein
Achtung!
Nur für 2 Volt Heizspannung

图 5.19　三管直流收音机，Nora Radio，德国，1938 年，23.5×23×24

此机为直流收音机，便于携带，较为罕见。